CO$_2$-neutrale Schweiz bis 2050

Könnten wir das schaffen? Könnten wir uns das leisten?

Une Suisse neutre en CO$_2$ d'ici à 2050

Pouvons-nous le faire ? Pouvons-nous nous le permettre ?

Richard Voellmy und Olivier Zürcher

1,77 MW Photovoltaik Anlage mit 6'000 Panels auf Gebäuden der Charles Stuart University in Wagga Wagga, Australien. Hätten wir schätzungsweise **50'000** solcher Anlagen und hätten wir **ausserdem noch mehrere Hundert Milliarden Franken** in Gebäudesanierungen und weiteren Technologieumbau investiert, dann sollten wir grossenteils auf fossile Treib- und Brennstoffe (Energienutzung) verzichten und dennoch «anständig» weiterleben können...

Système photovoltaïque de 1,77 MW avec 6'000 panneaux sur les bâtiments de l'Université Charles Stuart à Wagga Wagga, Australie. Si nous avions environ **50'000** systèmes de ce type et si nous investissions **plusieurs centaines de milliards de francs** dans la rénovation de bâtiments et d'autres conversions technologiques, alors nous devrions en grande partie pouvoir nous passer des énergies fossiles et continuer à vivre décemment.

1. Überblick / Aperçu

Das angestrebte Ziel ist Netto Null CO_2-Emissionen spätestens im Jahr 2050. In diesem Bericht geht es um eine allgemeinverständliche Beurteilung, auf Grund von statistischen Zahlen und technischen/wissenschaftlichen Informationen, der Anstrengungen, die gemacht werden müssten, um ein Schweizer Energiewesen einzurichten, das im Wesentlichen mit Sonnenergie und anderen erneuerbaren Energien auskommt. Unkomplizierte Rechnungen zeigen auf, dass ein monumentaler Aufwand betrieben und riesige Investitionen (sowohl in Franken also auch in grauer Energie) gemacht werden müssten. Technologien, die heute noch nicht als ausgereift gelten können, müssten zum Einsatz kommen. Obwohl ihr Schwerpunkt auf Fragen der Machbarkeit liegt, beschäftigt sich die Arbeit auch mit der Unzulänglichkeit des gesetzgeberischen Ansatzes, der darauf abzielt, CO_2-Emissionen sukzessive zu reduzieren mittels Beschränkungen des Verbrauchs von fossiler Energie, Abgaben auf fossile Energieträger und Kompensationsverpflichtungen. Es wird angeregt, dass, schon aufgrund der schieren Dimensionen des Projekts, der Umbau des Energiewesens eine staatliche Aufgabe sein müsste. Ein konkreter Plan für den konsequenten Umbau müsste erstellt werden, der Massnahmen, deren Abfolge und deren Finanzierung definiert und der von Parlament und Stimmbürgern mitgetragen werden könnte. Elemente eines solchen Plans werden angedacht.

L'objectif recherché est zéro émission nette de CO_2 d'ici 2050 au plus tard. Ce rapport est une évaluation généralement compréhensible, basée sur des chiffres statistiques et des informations techniques / scientifiques. Il explique les efforts qui devraient être consentis pour mettre en place un système énergétique suisse essentiellement basé sur une électricité d'origine photovoltaïque. Des calculs simples montrent qu'un effort monumental devrait être fait et d'énormes investissements devraient être consentis. La thèse traite également de l'insuffisance de l'approche législative, qui vise à réduire successivement les émissions de CO_2 au moyen de spécifications de consommation d'énergie fossile, de taxes sur les énergies fossiles et d'obligations de compensation. Il est suggéré que la conversion du système énergétique soit une tâche de l'État, c'est-à-dire qu'un plan concret de conversion cohérent devrait être élaboré et adopté, qui à la fois précise la séquence des mesures nécessaires et assure le financement public du projet.

2. Zusammenfassung / Résumé

Es ist heutzutage schwierig zu entscheiden, welchen Informationen man vertrauen soll. Deshalb wollte ich (RV) mir selbst ein Bild machen von den technischen und finanziellen Schwierigkeiten, die überwunden werden müssten, um unser heute grossenteils auf der Nutzung von fossilen Treib- und Brennstoffen (und Kernbrennstoffen) beruhendes Energiewesen in ein System zu verwandeln, das praktisch ausschliesslich erneuerbare Energien verwendet und keine CO_2- Emissionen verursacht. Mein Mitautor (OZ) unterstützte mich bei diesen Betrachtungen. Die wichtigste erneuerbare Energie, die uns heute zur Verfügung steht, ist die Sonnenenergie, eine Energieform mit einer äusserst geringen Energiedichte verglichen mit Öl. Sonnenenergie kann mittels Photovoltaik (abgekürzt «PV») ineffizient in Elektrizität verwandelt werden, die dann für den Betrieb von elektrischen Geräten aller Art und elektrisch motorisierten Fahrzeugen sowie zur Ausnutzung von Umweltenergie (hauptsächlich geothermale Energie) für die Wärmeerzeugung benutzt werden kann. In meinen Überschlagsrechnungen ging ich vom «worst case» Szenario aus, dass sich zwischen heute und 2050 nichts in unserem Verhalten ändern wird, dass sich also unser Lebensstil nicht verändern wird und auch gleichviele km gefahren werden wie heute. Die Rechnungen benutzten soweit möglich offizielle statistische Daten oder Daten aus der wissenschaftlichen Literatur. Die generelle Vorgabe war, dass unser zukünftiges Energiewesen primär auf im Inland erzeugter PV-Elektrizität beruhen wird und dass wir konsequent energiesparende Technologien (im Betrieb, nicht in der Herstellung) für Wärmeerzeugung (hauptsächlich Raumwärme und Warmwasser) and Mobilität verwenden werden, also Geothermie (oder analoge Technologien) und elektrisch motorisierte Mobilität.

Wieviel zusätzlicher Strom müsste produziert werden, um Kernkraftwerke und mit fossilen Brennstoffen betriebene Kraftwerke zu ersetzen, eine elektrische Mobilität zu speisen und mit Geothermie oder ähnlicher Technologie zu heizen und Warmwasser zu erzeugen? Die Rechnung ergab, dass 52,6 TWh Strom zusätzlich erzeugt werden müssten. Diese Energiemenge könnte von PV-Anlagen mit einer Gesamtfläche von etwa 530 km^2 (Fläche des ganzen Bodensees) einigermassen sicher produziert werden (1,5-fache Überdimensionierung). Etwa 200 km^2 hätten auf Gebäudedächern und Fassaden Platz. Der Rest, also etwa 330 km^2, was etwa 4-mal der Fläche des Zürichsees entspricht, müsste irgendwo in der Landschaft installiert werden. Der Aufwand, der mit der Errichtung von PV-Anlagen von dieser Grössenordnung verbunden wäre, wäre gigantisch. Noch furchterregender wären die Mengen von grauer Energie, die bei der Herstellung solcher Anlagen verbraucht würden, sowie das Preisschild. Vielleicht ist es erwähnenswert, dass die bisher in der Schweiz installierte PV-Fläche etwa 14,5 km^2 beträgt.

Die obige Rechnung unterschlägt die saisonale Natur der Sonnenenergie: bei uns fällt 73% dieser Energie im Sommerhalbjahr an und nur 27% im Winterhalbjahr. Und heizen müssen wir ausschliesslich im Winterhalbjahr. Die PV-Fläche könnte so vergrössert werden, dass sie auch im Winterhalbjahr genügend Energie liefern würde. Die dafür notwendige Fläche wäre etwa 1'200 km^2. Es müsste also quasi der ganze Kanton Thurgau mit Solarzellen zudeckt werden. Erlauben wir, dass elektrische Geräte effizienter arbeiten werden in 2050 (nur noch 50% des heutigen Verbrauchs) und dass dann etwa 30% der Gebäude energetisch saniert sein werden, dann wären es immer noch etwa 930 km^2. Wenn wir dies nicht wollten, dann müssten wir überschüssigen PV-Sommerstrom für den Winter speichern können, und hier hätten wir das nächste Riesenproblem. An eine Speicherung mittels Batterien wäre nicht zu denken. Die nächstbeste Möglichkeit wäre die Nutzung von Pumpspeicherkraftwerken. Diese Möglichkeit würde voraussichtlich ebenfalls nicht zur Verfügung stehen, selbst wenn die optimistischsten Ausbaupläne des Bundes realisiert würden. Es blieben uns also bloss die sogenannten «power-to-gas» (P2G) Technologien, bei denen Strom z.B. in Form von Wasserstoff oder Methanol gespeichert wird. Elektrizität kann dann über sogenannte Brennstoffzellen zurückgewonnen werden. Diese Technologien sind noch ziemlich unausgereift; dass es schon einige Wasserstoff-betriebene Fahrzeuge zu kaufen gibt (in gewissen Märkten), täuscht über die verbleibenden Schwierigkeiten hinweg. Auch sind diese Technologien wenig effizient: mehr als die Hälfte der eingesetzten elektrischen Energie geht verloren. Nehmen wir mit viel Optimismus an, die Speicherung von PV-Sommerstrom für den Ersatz von nuklearem und fossilem Strom würde mittels Pumpkraftwerken erfolgen, und Mobilität und Heizung/ Warmwasserherstellung würden von gespeichertem Methanol unterstützt. Der zusätzliche Strombedarf in diesem Szenario wäre 54,2 TWh, was einer PV-Fläche (1,5-mal theoretisches Minimum) von ca. 540 km^2 entspricht.

Weitere Rechnungen gingen davon aus, dass es sinnvoll wäre, wenn der auf Gebäuden produzierte PV-Strom auch da verbraucht würde. In den gerechneten Szenarien wären in einem typischen Gebäude alle geeigneten Dach- und Fassadenflächen mit PV-Zellen bestückt, und Heizung und Warmwasserzubereitung würden mit einer geothermischen (oder analogen) Anlage betrieben. Die Speicherung der im Winter benötigten Energie fände mittels einer P2G Technologie (Wasserstoff) statt. Die Resultate der Rechnungen lassen es als möglich erscheinen, dass (über den gesamten Gebäudepark gerechnet) die PV-Produktion ausreichen würde, um alle Gebäude mit Wohnnutzung mit Elektrizität sowie alle beheizbaren Gebäude mit Raumwärme und Warmwasser zu versorgen. Dies allerdings nur unter dem Vorbehalt, dass alle beheizbaren Gebäude energetisch saniert sein müssten. Der für die Mobilität benötigte PV-Strom müsste in zusätzlichen im Gelände installierten PV-Anlagen oder Parks erzeugt werden. Überschüssiger Sommerstrom würde für die Wintermobilität gespeichert. P2G Technologie käme wieder zum Zug, und wir würden im Winter z.B. mit Methanol-Unterstützung fahren. Die benötigte PV-Anlagenfläche wäre ca. 210 km^2 gross. Wenn der viele PV-Strom die Stabilität des Stromnetzes in Frage stellen würde, dann müsste man sich möglicherweise dafür entscheiden, ganzjährlich mit Methanol zu fahren. Die Methanol Herstellung könnte dann unabhängig vom Netz erfolgen. Allerdings müsste dann die PV-Anlagenfläche etwa doppelt so gross sein.

Obschon zugegebenermassen grob, die angestellten Rechnungen vermitteln eine Vorstellung von den gigantischen Anstrengungen, die unternommen werden müssten, um ein CO_2-neutrales (oder armes) Energiewesen einzurichten. Schon allein die Beschaffung von 400-500 km^2 Solaranlagen würde einen tiefen dreistelligen Milliardenbetrag verschlingen (zu heutigen Preisen). Die graue Energiemenge, die nur schon für die Herstellung der benötigten PV-Panels aufgebracht werden müsste, würde den jährlichen Gesamtenergieverbrauch der Schweiz übersteigen. Und dann bräuchten wir noch Grossanlagen für die Elektrolyse von Wasserstoff und dessen Karbonisierung (zu Methanol), und vielleicht sogar - es klingt wie ein schlechter Witz – Holzverbrennungsanlagen für die Herstellung von CO_2 für die Karbonisierung. Geschätzt könnte die Gesamtsanierung aller Ein- und Mehrfamilienhäuser über die nächsten 20 Jahre beinahe 30 Milliarden Franken pro Jahr kosten. Die inländische verarbeitende Industrie und die Bauindustrie müssten hochgefahren werden. Wer soll denn sonst die PV-Anlagen herstellen, die wir in der geforderten Menge nirgends werden einkaufen können? Wer soll die Sanierung von über einer Million Gebäuden durchführen, usw.? Selbst wenn wir uns einen bescheideneren Lebensstil angewöhnen würden – und dies ist dringlich gefragt – und, vor allem, unsere Mobilität herunterfahren würden, bliebe die Aufgabe gewaltig.

Nur schon wegen ihrer schieren Grösse müsste die Aufgabe ohne Verzug in Angriff genommen werden, sollte es uns ernst damit sein. Wir bräuchten einen konkreten Plan, den ich hier anzudenken versuche. Hier setzt auch meine Kritik an den Energiegesetzen des Bundes an. Es geht dabei um das CO_2-Gesetz von 2011 (weiter in Kraft) und das Energiegesetz von 2016. Diesen Gesetzen liegt kein eigentlicher Plan zugrunde. Vielmehr befassen sie sich mit Konsumbeschränkungen, Abgaben auf Treibstoffe und Brennstoffe, and Bussen. Zudem fordern sie Kompensationsmassnahmen für CO_2-Emissionen in gewissen Wirtschaftsbereichen ein. Sie versprechen auch (im grossen Ganzen bescheidene) «Investitionsbeiträge» für Gebäudesanierungen und verschiedenste Projekte, die zur Verminderung der CO_2-Emissionen beitragen könnten. Nichtgebrauchtes Geld wird sogar an die Bevölkerung zurückverteilt. Das «neue» CO_2-Gesetz, das die Stimmbevölkerung kürzlich abgelehnt hat, war eine Neuauflage des CO_2-Gesetzes von 2011 mit einschneidenderen Beschränkungen und höheren Abgaben. Weil diese Gesetze bloss regulieren, unterstehen sie dem Gesetz der «unintended consequences». Man kann nur Schlimmes befürchten. Nur wer bezahlt befiehlt. Mit anderen Worten, nur wer bezahlt, kann einen konkreten Plan erstellen und dessen zeitnahe Durchführung umsetzen. Die Einrichtung eines auf erneuerbaren Energien beruhenden Energiewesens müsste eine staatliche Aufgabe sein genauso wie der Bau von Strassen und Schulen, die AHV oder der Einkauf vom Kampfjets. Ein sorgfältig ausgearbeiteter Projekt- und Finanzierungsplan (Steuern) sollte vom Parlament verabschiedet werden. Da ein Referendum zu erwarten wäre, würden die Stimmbürger schlussendlich darüber entscheiden, ob die Aufgabe angegangen werden soll.

Mein Mitautor befasst sich im letzten Kapitel ausführlicher mit dem Konzept der grauen Energie, das offenbar kaum beachtet wird. Die Energiegesetze streben offensichtlich eine sukzessive Reduktion der CO_2-Emissionen an; es erscheint als möglich, dass der Trend eher umgekehrt sein wird, bis die neue Infrastruktur eingerichtet ist. Seine Beispiele vermitteln ein intuitives Verständnis von grauer Energie. Er befasst sich auch mit der Bedeutung des gegenwärtigen Paradigmenwechsels, der mit dem Ersatz der fossilen Energiequellen, die eine extrem hohe Energiedichte aufweisen, mit erneuerbaren Energiequellen mit geringer Energiedichte wie der Sonneneinstrahlung und dem Wind, einhergeht.

Il est difficile de nos jours de savoir à quelles informations se fier. C'est pourquoi j'ai (RV) voulu me faire une idée des difficultés techniques et financières qu'il faudrait surmonter pour transformer notre système énergétique, qui repose largement sur l'utilisation de combustibles fossiles (et nucléaires), en un système uniquement basé sur des énergies renouvelables et n'engendrant aucune émission de CO_2. Mon co-auteur (OZ) m'a soutenu dans ces considérations.

L'énergie renouvelable la plus importante dont nous disposons aujourd'hui est l'énergie solaire. Abondante et saisonnière, elle est une forme d'énergie n'ayant qu'une densité énergétique extrêmement faible par rapport au pétrole. L'énergie solaire peut être convertie de manière inefficace en électricité de source photovoltaïque (abrégé "PV"). Ensuite elle peut être utilisée pour faire fonctionner des appareils électriques de toutes sortes et des véhicules à moteur électrique, ainsi que pour utiliser l'énergie environnementale (principalement l'énergie géothermique) pour la production de chaleur.

Dans mes calculs approximatifs, j'ai supposé le pire des cas, c'est-à-dire que rien ne changera dans notre comportement d'ici à 2050 : notre mode de vie sera identique et le même nombre de kilomètres sera parcouru.

Les calculs ont utilisé dans la mesure du possible des données statistiques officielles ou des données issues de la littérature scientifique. L'exigence générale était que notre futur système énergétique soit principalement basé sur l'électricité photovoltaïque produite en Suisse et que nous utiliserions toutes les technologies d'économie d'énergie (en fonctionnement, pas en production) pour la production de chaleur (principalement le chauffage des locaux et l'eau chaude sanitaire) et la mobilité, c'est-à-dire l'énergie géothermique (ou technologies analogues) et la mobilité électrique.

Quelle quantité d'électricité supplémentaire faudrait-il produire pour remplacer les centrales nucléaires et les centrales fonctionnant aux combustibles fossiles, pour alimenter la mobilité électrique, pour chauffer avec de l'énergie géothermique ou une technologie similaire et pour produire de l'eau chaude ? Le calcul a montré qu'il faudrait produire 52,6 TWh supplémentaires d'électricité. Cette quantité d'énergie pourrait être produite en toute sécurité par des systèmes photovoltaïques d'une superficie totale d'environ 530 km^2 (environ la superficie de l'ensemble du lac de Constance, en comptant un surdimensionnement de 50%).

Environ 200 km^2 équiperaient les toits et les façades de bâtiments.

Le reste, soit 330 km^2, ce qui correspond à environ 4 fois la superficie du lac de Zurich, devrait être installé quelque part dans le paysage.

L'effort impliqué dans la mise en place de systèmes photovoltaïques de cette ampleur serait gigantesque. Les quantités d'énergie grise qui seraient utilisées pour fabriquer de tels équipements, ainsi que le prix, seraient encore plus terrifiantes.

Il convient peut-être de mentionner que la surface photovoltaïque installée jusqu'à présent en Suisse est d'environ 14,5 km^2.

Le calcul ci-dessus ignore le caractère saisonnier de l'énergie solaire : or 73% de cette énergie est délivrée au semestre d'été et seulement 27% au semestre d'hiver. Et nous n'avons besoin de chauffer que pendant les mois d'hiver.

La zone photovoltaïque pourrait être agrandie afin de fournir également suffisamment d'énergie pendant le semestre d'hiver. La superficie requise pour cela serait d'environ 1'200 km^2 (surdimensionnement de 50%). Ainsi, tout le canton de Thurgovie devrait être recouvert de cellules solaires. Supposons que les appareils électriques seront plus efficaces en 2050 (baisse de 50% de la consommation actuelle) et que d'ici là environ 30% des bâtiments seront rénovés énergétiquement. La surface photovoltaïque se réduirait à d'environ 930 km^2.

Si nous ne voulions pas cela, nous devions être en mesure de stocker l'électricité photovoltaïque excédentaire pour l'hiver, et c'est là que nous aurions le prochain énorme problème. Le stockage à l'aide de batteries serait hors de question. La deuxième meilleure option serait d'utiliser des centrales électriques à accumulation par pompage (des barrages). Cette option ne serait probablement pas suffisante non plus, même si les plans d'expansion les plus optimistes du gouvernement fédéral étaient mis en œuvre. Il resterait alors les technologies dites « power-to-gas » (P2G), dans lesquelles l'électricité est transformée pour être stockée par exemple sous forme d'hydrogène ou de méthanol. L'électricité peut alors être régénérée à l'aide de ce que l'on appelle des piles à combustible. Ces technologies sont encore assez immatures ; le fait qu'il existe déjà sur le marché des véhicules fonctionnant à l'hydrogène contredit les difficultés qui subsistent. Ces technologies sont également peu efficaces : plus de la moitié de l'énergie électrique initiale est perdue. Supposons avec beaucoup d'optimisme que le stockage de l'électricité PV d'été pour remplacer l'électricité nucléaire et fossile se ferait au moyen de centrales à pompage-turbinage, et que la mobilité et la production de chauffage / eau chaude seraient soutenues par du méthanol stocké. La demande supplémentaire d'électricité dans ce scénario serait de 54,2 TWh, ce qui correspond à une surface photovoltaïque d'environ 540 km^2 (surdimensionnement de 50%).

D'autres calculs ont supposé qu'il serait logique que l'électricité PV produite sur les bâtiments y soit également utilisée. Dans les scénarios calculés, toutes les zones de toit et de façade appropriées dans un bâtiment typique seraient équipées de cellules photovoltaïques, et le chauffage et la préparation d'eau chaude seraient exploités avec un système géothermique. L'énergie nécessaire en hiver serait stockée grâce à la technologie P2G (hydrogène). Les résultats des calculs donnent à penser que (calculée sur l'ensemble du parc immobilier) la production PV serait suffisante pour alimenter tous les bâtiments à usage résidentiel en électricité et tous les bâtiments chauffable en besoins de chauffage et d'eau chaude. Cependant, avec l'hypothèse importante que tous les bâtiments doivent être rénovés énergétiquement.

L'électricité PV nécessaire à la mobilité devrait être produite dans des systèmes PV supplémentaires ou des parcs installés sur le terrain. L'électricité d'été excédentaire serait stockée pour la mobilité hivernale. La technologie P2G entrerait à nouveau en jeu et nous roulerions avec un soutien au méthanol en hiver, par exemple. La superficie requise du système PV serait d'environ 210 km^2.

Si la grande quantité d'électricité photovoltaïque remettait en question la stabilité du réseau électrique, on déciderait peut-être de fonctionner au méthanol toute l'année. La production de méthanol pourrait alors avoir lieu indépendamment du réseau. Cependant, la surface du système PV devrait alors être environ deux fois plus grande.

Certes approximatifs, ces chiffres donnent une idée des efforts gigantesques qui devraient être faits pour mettre en place un système énergétique neutre (ou pauvre) en carbone. L'achat d'environ 400-500 km^2 de systèmes solaires coûterait à lui seul un montant estimé entre 100 et 150 milliards de francs (au prix actuel). La quantité d'énergie grise pour la fabrication des panneaux photovoltaïques dépasserait la consommation d'énergie annuelle totale en Suisse. Et puis il faudrait des usines à grande échelle pour l'électrolyse de l'hydrogène et sa carbonisation (en méthanol), et peut-être même - cela ressemble à une mauvaise blague - des usines à bois pour la production de CO_2 pour la carbonisation. On estime que la rénovation totale de toutes les maisons individuelles et multifamiliales au cours des 20 prochaines années pourrait coûter près de 30 milliards de francs par an. Les industries nationales de fabrication et de construction doivent être intensifiées. Qui d'autre devrait fabriquer les systèmes photovoltaïques (que nous ne pourrons acheter nulle part) dans les quantités requises ? Qui devrait rénover plus d'un million de bâtiments, etc. ?

Même si nous devions adopter un style de vie plus modeste - et c'est urgent – et en réduisant notre mobilité, la tâche resterait ardue.

Simplement en raison de sa taille, la tâche devrait être abordée sans tarder si nous étions sérieux à ce sujet. Nous avons besoin d'un plan concret, auquel j'essaie de penser ici. C'est là que commence ma critique des lois fédérales sur l'énergie. Il s'agit de la loi sur le CO_2 de 2011 (toujours en vigueur) et de la loi sur l'énergie de 2016. Ces lois ne reposent sur aucun plan réel. Ils portent plutôt sur les restrictions de consommation, des taxes sur les combustibles et les carburants et des amendes. Ils appellent également à des mesures de compensation des émissions de CO_2 dans certains domaines de l'économie. Ils promettent également des « contributions d'investissement » (dans l'ensemble modestes) pour la rénovation des bâtiments et divers projets susceptibles de contribuer à réduire les émissions de CO_2. L'argent non utilisé est même redistribué à la population. La « nouvelle » loi CO_2, récemment refusée par la population, était une nouvelle édition de la loi CO_2 de 2011 avec des restrictions plus drastiques et des taxes plus élevées. Parce que ces lois ne font que réglementer, elles sont soumises à la « loi des conséquences involontaires ». On ne peut craindre que le pire. Seul celui qui paie commande. En d'autres termes, seuls ceux qui paient peuvent élaborer un plan concret et le mettre en œuvre en temps voulu. La transformation de notre système énergétique en un système uniquement basé sur des énergies renouvelables devrait être une tâche de l'État, tout comme la construction de routes et d'écoles, l'AVS ou l'achat d'avions de combat. Un projet soigneusement préparé et un plan de financement (taxes) doivent être approuvés par le Parlement. Avec un référendum attendu, l'électorat déciderait en fin de compte de s'attaquer à la tâche.

Dans le dernier chapitre, mon co-auteur traite plus en détail le concept d'énergie grise, qui n'est apparemment guère envisagé à la Berne Fédérale. Les lois énergétiques visent évidemment une réduction progressive des émissions de CO_2; il semble possible que la tendance s'inverse jusqu'à ce que la nouvelle infrastructure soit en place. Ses exemples véhiculent une compréhension intuitive de l'énergie grise. Il examine également l'importance du changement de paradigme actuel associé au remplacement des combustibles fossiles à très haute densité par des sources d'énergie renouvelables à faible densité telles que le rayonnement solaire et le vent.

Inhaltsverzeichnis / Table des matières:

Richard Voellmy mit Mitwirkung von Olivier Zürcher:

3. Einleitung

Die Öffentlichkeit ist für die Thematik der Klimaerwärmung sensibilisiert. Das ist das Verdienst von NGOs, von verschiedensten Gruppierungen von Wissenschaftlern und beunruhigten Menschen, und von politischen Parteien. Viele haben sich davon überzeugen lassen, dass die Verbrennung von fossilen Brennstoffen und der damit verbundene Ausstoss von Treibhausgasen (zu 98% Kohlendioxid oder CO_2) hauptsächlich für den beobachteten generellen Temperaturanstieg verantwortlich sei. Deshalb wird gefordert, dass von der Verwendung fossiler Treib- und Brennstoffe rasch möglichst Abstand zu nehmen ist. Im Übereinkommen von Paris von 2016 einigten sich 197 Staaten darauf, Massnahmen zu ergreifen, um die Erderwärmung deutlich unter 2^0C zu halten relativ zu vorindustriellen Werten. Dieses Abkommen wurde von 180 Staaten inklusive der Schweiz (05.11.2017) ratifiziert. Die EU adoptierte anfangs 2020 den sogenannten «European Green Deal». Unter dieser Leitlinie soll Europa im Jahr 2050 keinerlei Treibhausgase mehr ausstossen, also mindestens CO_2-neutral sein. Das Schweizerische CO_2 Gesetz von 2011 und das Energiegesetz von 2016 sehen Reduktionen im Energieverbrauch bis im Jahr 2035 vor. Zudem hat der Bundesrat, sekundiert vom Parlament, nach Fukushima die Konzessionierung für den Bau von neuen Kernkraftwerken untersagt. Dieses Verbot floss ins Energiegesetz von 2016 ein. Im August 2019 hat der Bundesrat (nicht das Stimmvolk) ein neues Klimaziel für das Jahr 2050 beschlossen. Bis zu diesem Zeitpunkt soll die Schweiz ihre Treibhausgasemissionen auf Netto-Null absenken. Der neue «Klimaplan» der Grünen (GPS) will dieses Ziel schon 2040 erreicht sehen. Die Klimastreikbewegung verlangt in ihrem Klimaaktionsplan, dass wir bereits 2030 soweit sein sollten.

Alle schlagen einen ähnlichen Katalog von Lösungsansätzen vor. Niemand scheint bereit zu sein, die wirkliche Grössenordnung der Schwierigkeiten, die gemeistert werden müssten, ganzheitlich zu diskutieren*. Niemand scheint einen konkreten und gut begründeten Plan vorgeschlagen zu haben, wie das Ziel erreicht werden soll. Was die Akteure unterscheidet ist hauptsächlich die Dringlichkeit ihrer Forderungen.

*Ich habe mir natürlich auch den neuen Kurzbericht «Energieperspektiven 2050+» des Bundesamtes für Energie (BFE) angesehen, welcher ganzheitliche Szenarien präsentiert. Leider kann jemand, der nicht Monate damit verbringen kann, nicht nachvollziehen, wie die Resultate zustande kamen.

Ich habe das Gefühl, bereits Jahre in einem Informationssumpf zugebracht zu haben. Deshalb will ich mir jetzt selbst Klarheit verschaffen über die Dimensionen der Probleme, die überwunden werden müssten, um bis 2050 CO_2-Neutralität zu erreichen. Ich werde auch versuchen, die Potentiale der verschiedenen vorgeschlagenen Technologien, die einen

Beitrag zur Lösung des Problems leisten könnten, besser zu verstehen. Ich bin Naturwissenschaftler, also kein «Energieexperte». Aufbauend auf meinem allgemeinen Verständnis von Wissenschaft und Technologie habe ich mich jedoch in die Materie eingearbeitet und glaube jetzt in der Lage zu sein, grundsätzliche Überlegungen anstellen zu können. Mein Mitautor, Olivier Zürcher (Maschineningenieur und Thermodynamiker) hat es sich zu seiner Hauptaufgabe gemacht, meine Kapitel durchzuarbeiten und mich vor Ausrutschern zu bewahren. Dabei hat er auch eigene Ideen eingebracht.

Zahlen sprechen oft eine deutlichere Sprache als Worte. Deshalb arbeite ich in den Kapiteln 4-6 ausführlich mit Zahlen. Diese Zahlen sind einfach zu verstehen. Es geht hier nicht um detaillierte und komplexe Modellrechnungen. Ich versuche mich auf die dominanten Einflüsse zu beschränken. Wenn es beispielsweise um Heizung und Warmwasserzubereitung geht, vernachlässige ich die relativ wenigen neuen oder bereits totalsanierten Gebäude. Wenn ich über die Mobilität nachdenke, dann kümmere ich mich nicht um den Beitrag von Elektrofahrzeugen, welche bereits im Verkehr sind. Sie werden meine Schritte mühelos nachvollziehen können.

Falls Sie nicht an Potenzen gewöhnt sind, 10^1 ist 10, 10^2 ist 100, 10^3 ist 1'000 und 5×10^3 ist 5'000. K (kilo) bedeutet $\times 10^3$, M (mega) bedeutet $\times 10^6$, G (giga) bedeutet $\times 10^9$ and T (tera) $\times 10^{12}$. KW (Kilowatt) ist eine Leistungseinheit, und kWh (Kilowattstunde) und J (Joule) sind Energieeinheiten.

Wenn ich auf spezifische Gruppen von Akteuren hinweise (z.B. Politiker, Gesetzgeber, Historiker), benutzte ich nur die männliche Form um den Lesefluss nicht zu beeinträchtigen. Die weibliche Form ist gleichermassen mitgemeint.

4. Allgemeine Annahmen

Ich nehme an, dass wir die Technologien, die bis 2050 zur Erreichung einer CO_2-neutralen Energiewirtschaft eingesetzt werden können, bereits heute kennen. Versetzen wir uns 30 Jahre zurück. Damals gab es schon das Internet, elektrische Mobilität, Brennstoffzellen, Wärme-Kraft-Koppelung, usw. Photovoltaikzellen waren schon lange bekannt und wurden insbesondere in der Raumfahrt verwendet. Nur das Mobiltelefon gab es noch nicht.

Gemäss Bundesrat soll die Schweiz 2050 CO_2-neutral sein. «CO_2-neutral» will heissen ohne Einfluss auf den CO_2-Gehalt der Atmosphäre. Dieses Ziel zu einem grossen Teil über Investitionen in Emissions-senkende Auslandprojekte erreichen zu wollen, entbehrt der Logik.

Wenn wir annehmen, dass sich die meisten Länder an die Pariser Klimavorgaben halten werden, dann werden wir irgendwann einmal keine geeigneten Auslandprojekte mehr finden. Ausserdem ist die Strategie wenigstens tendenziell kontraproduktiv, weil sie keine Anreize für den notwendigen internen Umbau schafft und von dessen Dringlichkeit ablenkt. Auch wir selbst sollten ja im Jahr 2050 CO_2-neutral sein. Sollten wir hingegen glauben, dass sich kaum jemand ans Pariser Übereinkommen halten wird, dann wäre das Vorhaben, die Schweiz unter grössten Anstrengungen CO_2-neutral zu machen, ziemlich unsinnig. Die Schweiz ist ja bloss für einen verschwindend kleinen Teil der globalen CO_2-Emissionen verantwortlich.

Man könnte versucht sein, den notwendigen Anstrengungen aus dem Weg zu gehen. Ein Grossteil der zusätzlich benötigten Elektrizität könnte importiert werden. Es ist nicht unmöglich, dass eine solche Strategie aufgehen könnte. Wer kann schon voraussagen, wie die Welt in 30 Jahren aussehen wird. Dennoch muss man sich vor Augen halten, dass unsere Nachbarländer ähnliche Probleme haben werden wie wir bei der Umstellung auf eine CO_2-neutrale Energiewirtschaft. Es wird nur dann Elektrizität einzukaufen geben, wenn es im Ausland Überschüsse gibt. Ob es solche Überschüsse überhaupt geben wird, wird von wirtschaftlichen und politischen Faktoren abhängen, welche wir kaum werden beeinflussen können. Auch wird es von den im Ausland eingesetzten Technologien abhängen, ob sie eher im Winter oder eher im Sommer anfallen. Je nach Erzeugungsort werden auch Übertragungsverluste eine limitierende Rolle spielen. Ähnlich unvorhersehbar ist, ob erneuerbare Energieträger wie Biomasse, Holz oder biogene Treibstoffe in den benötigten Mengen erhältlich wären. Es wäre also keine verantwortungsvolle Strategie, auf massive Einkäufe von Elektrizität und erneuerbaren Energieträgern im Ausland zu setzen.

Meine zentrale Annahme ist deshalb, dass die Nutzung aller fossilen Brenn- und Treibstoffe (soweit möglich) eingestellt und im Inland kompensiert werden müsste, um in die Nähe von CO_2-Neutralität zu kommen. Es ginge also darum, die gesamte fossile und, da von uns so gewollt, die gesamte nukleare Elektrizitätsproduktion zu ersetzen. Zudem müssten die gesamte Mobilität und alle Wärmeerzeugung für Raumwärme and Warmwasser mittels inländischer erneuerbarer Energie betrieben werden. Jeder dieser Sektoren müsste zu 100% CO_2-frei werden. In gewissen Industriebereichen (z.B. Zement- oder Stahlherstellung) wird die Dekarbonisierung schwierig zu bewältigen sein, und es müssten wohl «CO_2 capture» Technologien zur Anwendung kommen. Wenigstens für Punktquellen sind diese Technologien einigermassen verstanden.

Nicht ortsgebundene Kohlenstoffsenken habe ich nicht berücksichtigt. Es scheint äusserst ungewiss, ob Technologien, die sich dafür eignen würden, im grossem Massstab CO_2 aus der Atmosphäre zu eliminieren, zur Verfügung stehen werden. Ausserdem müsste die CO_2-

Elimination aus der Luft mit erneuerbarer Energie betrieben werden, und diese wäre Mangelware. Auch Aufforstung als Kohlenstoffsenke habe ich nicht berücksichtigt in der Annahme, dass diese in unserem dichtbesiedelten Land keinen wesentlichen Beitrag leisten könnte. Dazu kommt, dass eine Aufforstung von Agrarflächen über zusätzliche Nahrungsmittelimporte kompensiert werden müsste, d.h., wir würden unsere CO_2-Reduktion weiterhin im Ausland einkaufen.

Ich werde also herauszuarbeiten versuchen, wie wir im Jahr 2050 in etwa CO_2-neutral sein könnten. In meinen Abschätzungen beschränke ich mich im Wesentlichen auf technische Aspekte, nehme also an, dass sich die Ansprüche und das Verhalten der Menschen nicht verändern werden.

Die Vorstellung scheint vorzuherrschen, dass die CO_2-Emissionen kontinuierlich sinken sollten bis sie dann 2050 bei Null ankommen werden. Je nach den getroffenen Massnahmen (und der «grauen Energie» die dafür aufgewendet werden muss) werden die Emissionen nur langsam abnehmen oder eben gar nicht. Allenfalls könnten sie zwischenzeitlich sogar ansteigen. Möglicherweise muss dies in Kauf genommen werden, um das Ziel im Jahr 2050 zu erreichen. Ich beschäftige mich hier nicht ausführlich mit Zwischenzielen, sondern betrachte hauptsächlich den Istzustand 2019 und den Sollzustand 2050. 2050 ist das Zieljahr, das (heute noch) von den meisten Akteuren anvisiert wird. Wie Sie bald sehen werden, ist dies ein sehr ambitioniertes Ziel. Trotzdem will ich natürlich nicht ausschliessen, dass die CO_2-Neutralität möglicherweise schon früher erreicht werden könnte. Mein Fokus ist auf die zentralen Fragen gerichtet, ob und wie CO_2-Neutralität überhaupt grossenteils erzielt werden kann, sei es in 2050, oder eben 2040 oder 2030.

Bezüglich erneuerbarer Energiequellen (zusätzlich zu Wasserkraft), zur Verfügung stehen grundsätzlich Solarenergie, Umweltwärme inklusive geothermische Energie, Windenergie sowie Energie aus organischen Abfällen und Holz/Holzkohle.

4.1. Solarenergie:

Dabei geht es um Photovoltaik und Solarthermie. Ich betrachte die reine Solarthermie (thermische Energie von Sonnenkollektoren) als eher nebensächlich. Ein wichtiger Grund dafür ist, dass in den angedachten Szenarien alle geeigneten Gebäudeoberflächen durch die Photovoltaik beansprucht werden. Die Solarthermie würde also mit der vielseitiger einsetzbaren Photovoltaik konkurrenzieren. Eine Verwendung von PV-T Hybridtechnologie (später besprochen) ist denkbar, würde aber bloss bescheidene zusätzliche Vorteile bringen.

4.2. Umweltwärme inklusive geothermische Energie:

«Umweltwärme» im weitesten Sinn wird hauptsächlich bei der geothermalen Heizung und der Warmwasserherstellung verwendet. Zusätzlich zur untiefen Geothermie können und werden auch Seen und Flüsse thermisch genutzt. Die Umstellung auf die Geothermie (oder analoge Technologien) wird in den weiteren Ausführungen ausdrücklich berücksichtigt, da es sich dabei um eine energetisch äusserst günstige Heiztechnologie handelt. Ich klammere die tiefe Geothermie aus, da es mindestens aus heutiger Sicht völlig unklar ist, ob diese Technologie je einen wichtigen Beitrag zur Stromproduktion wird leisten können.

4.3. Windenergie:

Bis heute sind 37 Windanlagen in Betrieb genommen worden. Dass bis heute nur so wenige Anlagen gebaut wurden, hat mit derer geringen gesellschaftlichen Akzeptanz zu tun. Die Energiestrategie 2050 sieht den Bau von 800-900 Anlagen vor. Eine durchschnittliche Anlage produziert ca. 6 GWh Elektrizität (pro Jahr). Die vorgesehenen Anlagen würden also etwa 5,1 TWh produzieren. Das Bundesamt für Energie (BFE) und der Verband Schweizerischer Elektrizitätsunternehmen (VSE) rechnen mit 2-4 TWh. Wie aus den weiteren Ausführungen klar werden sollte, entspräche dies einem ziemlich kleinen Teil der zusätzlich benötigten Elektrizitätsmenge.

4.4. Energie aus organischen Abfällen und Holz/Holzkohle:

Die Verwertung dieser Energieträger findet bereits heute statt. Die organischen Abfälle werden mehr oder weniger vollständig verbrannt und die freigesetzte Energie Grossteiles für Heiz- und Wärmezwecke eingesetzt. Es besteht also relativ wenig ungenutztes Potential (ausser die Abfallproduktion nähme zu). Gemäss der Schweizerischen Energiestiftung (SES) lieferte die Holzverbrennung 8,5 TWh Energie im Jahr 2017, 95% davon in Form von Wärme (http://www.energiestiftung.ch/publikation-e-und-u/energie-und-umwelt-2-2017-bitte-wenden.html; Zugriff: 17/02/2021). Die SES schätzt, dass dieser Energieträger noch etwa 50% mehr hergeben könnte: das Potential wäre also 4,25 TWh. Dies wäre ein anständiger aber nicht matchentscheidender Beitrag an die zusätzlich benötigte Menge an erneuerbarer Energie. Bei einer konsequenten Einführung von Geothermie oder analogen Technologien für die Erzeugung von Raumwärme und Warmwasser könnte überschüssiges Brennholz zur effizienten Elektrizitätserzeugung verwendet werden. Auf diese Weise könnte Holz indirekt als Speicher für im Winter benötigte Elektrizität dienen.

5. Überschlagsrechnungen

5.1. Erneuerbare Produktion von Elektrizität – Ersatz der fossil oder nuklear erzeugten Elektrizität

Gemäss dem BFE war der jährliche Elektrizitätsverbrauch der Schweiz (2019) 205'910 TJ (Schweizerische Gesamtenergie-Statistik 2019 oder GESt 2019). Das entspricht

$5,72 \times 10^{10}$ kWh oder 57,2 TWh. (Ein TJ ist ca. 278'000 kWh.)

Die Wasserkraft wird uns erhalten bleiben, die gemäss BFE 56,4% des Elektrizitätsbedarfs abdeckt (basierend auf dem Produktionsmix der die Schweizerischen Elektrizitätsstatistik 2019 (ESt 2019) aufzeigt). Auch wird eine kleine aber nicht vernachlässigbare Menge Elektrizität mit erneuerbaren Energieträgern erzeugt. Nur die von Kernkraftwerken und Kraftwerken, die fossile Brennstoffe verwerten, erzeugte Elektrizitätsmenge müsste substituiert werden. Es müssten also gemäss ESt 2019 bloss 37,8% des heute verbrauchten Stroms alternativ erzeugt werden, also

$2,16 \times 10^{10}$ kWh.

Eine Photovoltaik (PV) Fläche von 1 m² produziert ca. 100-150 kWh Elektrizität / Jahr in unseren Breitengraden. Das BFE hat 2015 mit einer Zahl von 106 kWh / m² (Jahr) gerechnet (erwähnt in Ferroni und Hopkirk, 2016). In Anlehnung an eine Schätzung, die ich auf https://www.energieberatungbern.ch/wp-content/uploads/2017/08/20131206_EB_Doku_ Photovoltaik_.pdf; (Zugriff: 11.05.2021) gefunden habe, komme ich auf

1'250 kWh / m²   x   0,14*   x   0,85   = 149 kWh / m²

Mittlere jährliche   Mittlere Effizienz   Effizienz der
Sonneneinstrahlung   polykristalliner   PV-Anlage
                                      PV Module

*https://www.solaranlage-ratgeber.de/photovoltaik/photovoltaik-technik/photovoltaik-module-im-vergleich (letzter Zugriff: 29.05.2021). Die mittlere Effizienz von monokristallinen Modulen ist gemäss dieser Publikation 0,17 (Elektrizitätsproduktion: 181 kWh / m²).

Mit «Effizienz» ist Wirkungsgrad gemeint.

Ich werde mich an den oberen Wert von 150 kWh / m^2 halten. Die Wahl dieses Wertes ist für unsere Rechnungen entscheidend. Ich habe deshalb auch auf andere Weise versucht, einen vernünftigen Wert zu eruieren. Eine 2019 Studie von Thomas Vontobel (TNC Consulting) beziffert den Ertrag von real existierenden Schweizer PV Anlagen auf 1'015 kWh / kWp. (Früher verwendete Werte lagen bei etwa 950 kWh.) Die normierte elektrische Leistung von Solarmodulen wird üblicherweise in kWp (Kilowatt peak) angegeben. Übrigens, die Studie konstatierte auch, dass die jährliche Degradation des Ertrags der Anlagen bloss etwa 0,2 bis 0,3 % betrug. Von technischen Angaben von Vertreibern von PV Modulen konnte ich kWp / m^2 Werte errechnen. Die Durchschnittswerte waren 0,17 für monokristalline Panels und 0,15 für polykristalline Panels.

Polykristalline Panels produzieren also etwa 0,15 kWp / m^2 x 1'015 kWh / kWp = 152 kWh / m^2 . Monokristalline Panels sind etwas besser: 173 kWh / m^2).

Walch et al. (2020) (s. weiter unten) verwendeten einen Wert von 163 kWh / m^2.

Die Fläche von PV- Modulen welche notwendig wäre, um den Verbrauch von fossiler und nuklearer Elektrizität zu kompensieren wäre

2,16 x 10^{10} kWh / 150 kWh / m^2 = 1,44 x 10^8 m^2 = 144 km^2.

Nehmen wir an, dass die zu kompensierende Strommenge nicht saisonal verwendet würde (also nicht zu Heizzwecken). Die hauptsächlich im Sommerhalbjahr erzeugte PV-Energie (ungefähr 75%) müsste aufs ganze Jahr verteilt werden. Etwa ein Drittel der in den 6 Sommermonaten erzeugten Elektrizität müsste also gespeichert werden. In meinen Rechnungen habe ich den genaueren Wert von 73% für die Sommerproduktion verwendet (Schlussbericht vom 25.01.2021 der «Studie Winterstrom Schweiz – Was kann die heimische Photovoltaik beitragen» (BFE)). Die Form der Speicherung ist wichtig: Verluste bei der Speicherung müssten durch eine höhere Produktion kompensiert werden. Die energetisch vorteilhafteste Lösung wäre die Verwendung von Pumpspeicherkraftwerken. Nehmen wir an, dass etwa ein Viertel (23%) des PV-Stroms gespeichert werden müsste und der Gesamtwirkungsgrad der Pumpspeicherkraftwerke etwa 70-80% betragen würde, dann würde dies die zu produzierende Elektrizitätsmenge auf 2,28 x 10^{10} kWh vergrössern:

E_1: effektiv zu produzierende Energiemenge; E_0: ganzjährlicher Bedarf = $2{,}16 \times 10^{10}$ kWh

$$0{,}5 \times E_0 \quad = \quad (0{,}73 \times E_1 - 0{,}5 \times E_0) \quad \times 0{,}8 \quad + \quad 0{,}27 \times E_1$$

Im Winterhalbjahr benötigte Strommenge	Überschüssiger Strom, der im Sommer produziert und für das Winterhalbjahr gespeichert werden müsste	Effizienz der Pumpspeicherung	Im Winterhalbjahr anfallender PV-Strom

$E_1 = (0{,}5 + 0{,}5 \times 0{,}8) \times E_0 / (0{,}73 \times 0{,}8 + 0{,}27) =$ **$2{,}28 \times 10^{10}$ kWh**. Bitte schauen Sie sich diese Gleichung gut an. Sie werden ihr immer wieder begegnen.

Die erforderliche Fläche von PV- Modulen wäre

$2{,}28 \times 10^{10}$ kWh / 150 kWh / m^2 = $1{,}52 \times 10^8$ m^2 = **152 km^2**.

Das BFE hat offenbar etwas optimistisch berechnet, dass die Fläche aller Schweizer Gebäudedächer 439 km^2 beträgt, wovon 71,6%, also 314 km^2, für die Installation von Photovoltaikanlagen geeignet seien («Sonnendach»). Eine neuere Studie der ETH und der Universität von Oxford bezifferte die Fläche der Dächer auf 267 km^2, wovon 56,4%, also **151 km^2**, für die Photovoltaik benutzt werden könnten (Walch et al. 2020). Die Studie stellt auch fest, dass die Mehrzahl der älteren Arbeiten auf ähnliche Zahlen kam. Wenn wir also alle Dächer mit Solaranlagen bedecken würden, könnten wir theoretisch den von Kernkraftwerken und Kraftwerken, die fossile Brennstoffe verwenden, produzierten Strom ersetzen.

5.2. Mobilität

Es ist zum Mantra geworden, dass wir auf Elektromobilität werden umstellen müssen, um CO_2-neutral zu werden. Nur fehlt uns der dafür benötigte eigene Strom. Dieser müsste mittels Photovoltaik generiert werden.

Der Verbrauch von Benzin (in Energieäquivalenten gerechnet) war 97'210 TJ und der von Diesel 116'060 TJ im Jahr 2019 (GESt 2019). Ausserdem wurden 81'090 TJ an Flugtreibstoffen verbraucht. Der Gesamtverbrauch von Benzin und Diesel war also 213'270 TJ. Ich lasse in dieser Betrachtung den Verbrauch der Luftfahrt beiseite, da sich Flugtreibstoffe aus erneuerbaren Quellen noch im Entwicklungsstadium befinden. Es ist deshalb noch unklar, welche erneuerbaren Ressourcen für die Herstellung zu verwenden wären, wo die Herstellung stattfinden könnte, und wer diese Produktion betreiben würde. Am weitesten fortgeschritten scheint die Entwicklung von sogenannten «aviation biofuels» aus pflanzlichen Ölen zu sein

(O'Connell et al. 2019). Solche Treibstoffe würden wahrscheinlich in Ländern mit grossflächiger Agrarproduktion hergestellt werden.

Gemäss einer Publikation der amerikanischen Agentur EPA beträgt die Energieeffizienz von elektrischen Fahrzeugen > 77% («tank-to-wheel efficiency»). Bei Benzinern sei die Effizienz bloss 12-30% (21%). Der Wirkungsgrad von Diesel-betriebenen Fahrzeugen wurde mit etwa 22,5% beziffert (in Hjelkrem et al. 2020). Elektrische Fahrzeuge sind also etwa 3,5-mal effizienter als Benziner oder Dieselfahrzeuge.

[Übrigens kommt man auf einen ähnlichen Faktor mit «real world» Daten. In der Schweiz im Jahr 2019 neu zugelassene Personenwagen hatten einen durchschnittlichen Verbrauch von 6.18 Litern Benzin oder Benzinäquivalenten pro 100 km (https://www.admin.ch/gov/de/start/ dokumentation/medienmitteilungen.msg-id-79705.html; Zugriff 27.04.2021). Dies entspricht 6.18 x 8,7 kWh / 100 km= 53,8 kWh / 100 km. Ein durchschnittliches Elektrofahrzeug verbraucht 16.5 kWh / 100 km (https://www.energie-gedanken.ch/2019/ein-elektroauto-verbraucht-gleich-viel-energie-wie-die-eisenbahn/; Zugriff: 27.04.2021). Gemäss dieser Abschätzung ist ein Elektrofahrzeug 3,3-mal effizienter als ein Benziner.]

Der Energiebedarf einer Elektromobilität auf dem Niveau der heutigen fossil betriebenen Mobilität wäre also etwa 213'270 TJ / 3,5 = 60'934 TJ = **$1{,}69 \times 10^{10}$ kWh**.

Die zusätzlich benötigte Fläche an PV-Modulen um diese Mobilität zu ermöglichen wäre

$1{,}69 \times 10^{10}$ kWh / 150 kWh / m^2 = 1.13×10^8 m^2 = **113 km^2**.

Wenn überschüssiger PV-Sommerstrom mit Hilfe von Pumpspeicherwerken für den Winter gelagert würde, dann würden sich die zu produzierende Elektrizitätsmenge (E_1) auf

$0{,}5 \times E_0 = (0{,}73 \times E_1 - 0{,}5 \times E_0) \times 0{,}8 + 0{,}27 \times E_1$; $E_0 = 1{,}69 \times 10^{10}$ kWh;

$E_1 = (0{,}5 + 0{,}5 \times 0{,}8) \times E_0 / (0{,}73 \times 0{,}8 + 0{,}27)$ = **$1{,}78 \times 10^{10}$ kWh**

und die PV-Fläche auf

$1{,}78 \times 10^{10}$ kWh / 150 kWh / m^2 = $1{,}19 \times 10^8$ m^2 = **119 km^2**

vergrössern.

5.3. Heizung und Warmwasserzubereitung

Der allgemeine Konsensus scheint zu sein, dass möglichst alle Öl- und Gasheizungen und Warmwasserzubereitungsanlagen durch geothermische Anlagen (oder andere Anlagen, die dasselbe Prinzip ausnutzen) ersetzt werden sollten. Den Strom dafür haben wir allerdings ebenfalls nicht. Der müsste mittels Photovoltaik generiert werden.

Die GESt 2019 weist den Konsum von Erdölbrennstoffen mit 112'310 TJ und denjenigen von Gas mit 115'200 TJ aus. Ich nehme hier vereinfachend an, dass diese Brennstoffe im Wesentlichen fürs Heizen und die Herstellung von Warmwasser verwendet werden.

$2{,}28 \times 10^5$ TJ x $2{,}78 \times 10^5$ kWh / TJ = $6{,}34 \times 10^{10}$ kWh.

Der Massstab für die Energieeffizienz von Wärmepumpen (in geothermischen und analogen Anlagen) ist ihre Jahresarbeitszahl (JAZ), die das Verhältnis von «Wärmeproduktion» zu Stromverbrauch angibt. Bei sehr effizientem Betrieb kann die JAZ etwa 4,5 erreichen.

Wir müssten also mindestens etwa

$6{,}34 \times 10^{10}$ kWh / 4,5 = $1{,}41 \times 10^{10}$ kWh

Elektrizität aufwenden, um die fossilen Brennstoffe zu ersetzen (unter der Annahme, dass wir alle auf Geothermie oder analoge Technologie umgestellt hätten).

Im Unterschied zur Mobilität wird Energie für die Gebäudeheizung nicht über das ganze Jahr, sondern fast ausschliesslich im Winterhalbjahr verbraucht. Ein Horrorszenario für die Nutzung von Solarenergie. Mehr als 80% der Gebäude sind Altbauten, die vor 2000 gebaut wurden (und über 60% vor 1980), wovon die meisten wohl relativ schlecht isoliert sind. Aus einem «Fact Sheet» der Konferenz Kantonaler Energiedirektoren (2014) konnte ich herauslesen, dass im Jahr 2013 im Schnitt 85% der zur Wärmeerzeugung verwendeten Energie auf Heizung/Raumwärme entfiel und die übrigen 15% auf Warmwasserzubereitung (bestätigt durch die Lektüre von neueren Quellen; eine etwas höhere Zahl von 17% für das Jahr 2017 fand ich im Bericht «Der Energieverbrauch der privaten Haushalte 2000-2017» des BFE). Da sich Gesamtsanierungen und Neubauten nur langsam in der Statistik bemerkbar machen, ist es nicht überraschend, dass ich für das Jahr 2000 fast die gleichen Zahlen fand. Wir müssten also 92,5% der für Heizung und Warmwasser benötigten Energie im Winterhalbjahr zur Verfügung haben. Von den 73% der im Sommerhalbjahr erzeugten PV-Elektrizität müssten also etwa 90% gespeichert werden.

Nach Berücksichtigung der Verluste bei der Pumpspeicherung des überschüssigen PV-Sommerstroms käme man auf

$$0{,}925 \times E_0 = (0{,}73 \times E_1 - 0{,}075 \times E_0) \times 0.8 + 0{,}27 \times E_1$$

E_1: effektiv zu produzierende Energiemenge

E_0: ganzjährlicher Bedarf = $1{,}41 \times 10^{10}$ kWh

$0{,}925 \times E_0$: Winterbedarf

$(0{,}73 \times E_1 - 0{,}075 \times E_0)$: überschüssige PV-Sommerenergie, die gespeichert werden müsste

$0{,}8$: Effizienz der Pumpspeicherung

$E_1 = (0{,}925 + 0{,}075 \times 0{,}8)\, E_0\, /\, (0{,}73 \times 0{,}8 + 0{,}27) =$**1,63 x 10^{10} kWh**

für die zu produzierende Energiemenge und

$1{,}63 \times 10^{10}$ kWh / 150 kWh / m^2 = **109 km^2** für die benötigte PV-Fläche.

152 km^2 + 119 km^2 + 109 km^2 = 380 km^2 PV-Fläche würde also insgesamt benötigt.

Zur Grössenordnung: 380 km^2 entsprechen beinahe 10-mal der Fläche des Bielersees oder mehr als die Fläche des Schweizer Teils des Genfersees.

5.4. Ökonomiemassnahmen

Wie steht es mit Massnahmen, um die gigantische PV-Modulenfläche von 380 km^2 zu verringern? Nehmen wir an, dass in der Summe alle in Haushalten betriebenen elektrischen Anlagen (Beleuchtungen, Lüftungen, Geräte, Kühlschränke, TV, Computer, usw.) im Jahr 2050 nur noch etwa halb so viel Strom fressen werden wie heute. Dann würde sich die Solarzellenfläche, die benötigt würde, um den Ausfall von Kernkraftwerken und mit fossiler Energie betriebenen Kraftwerken zu kompensieren, von 152 km^2 auf **85 km^2** verringern (152 km^2 x 0,56 = 85 km^2; der Faktor 0,56 trägt der Tatsache Rechnung, dass die Haushalte nicht den gesamten von fossilen und nuklearen Kraftwerken produzierten Strom verbrauchen). Diese Erwartung wurde auch in einem Papier der Schweizerischen Agentur für Energieeffizienz (S.A.F.E.) zum Ausdruck gebracht (S.A.F.E.-Factsheet Stromverbrauch 2035/2050). Bei der Elektromobilität wären kaum wesentliche Einsparungen möglich. Elektromotoren und die Ladung/Entladung von Batterien sind schon heute sehr effizient. Im

Bereich der Gebäudeisolation steckt viel Potential. Allerdings werden trotz staatlicher Subventionen jedes Jahr bloss etwa 1% der Gebäude energetisch erneuert/saniert. Wenn bei den 30% der Gebäude, welche zwischen 2020 und 2050 voraussichtlich saniert werden, der Energiebedarf für Heizung und Warmwasser um etwa 60% gesenkt werden könnte (energieheld.ch/renovation/energieverbrauch#energieverbrauch; letzter Zugriff: 02.01.21), dann könnte die PV-Fläche, die zum Ersatz von Heizöl und Gas notwendig wäre, auf

$$(1{,}63 \times 10^{10} \text{ kWh} \times 0{,}7 + 1{,}63 \times 10^{10} \text{ kWh} \times 0{,}3 \times 0{,}4) / 150 \text{ kWh} / \text{m}^2 = \textbf{89 km}^2$$

reduziert werden.

Wie weiter oben ausgeführt und bereits berücksichtigt, würde eine Umstellung von der mit fossilen Treibstoffen betriebenen Mobilität auf Elektromobilität den Energieverbrauch drastisch senken. Um wieviel sich die Anzahl der gefahrenen km reduzieren liesse, ist schwer abzuschätzen. Zwischen 2005 and 2019 ist sie noch stark angestiegen, nämlich um 24% beim Personenverkehr und um 27% im Güterverkehr wie vom Bundesamt für Statistik (BFS) dokumentiert. Die meisten Wohngebäude, Geschäfte, Schulen, Verwaltungsgebäude und Betriebe werden im Jahr 2050 immer noch stehen. Deshalb wird sich auch die Anzahl der gefahrenen km im Pendel- und Arbeitsverkehr, sowie im Verkehr im Zusammenhang mit Dienstleistungen und der Verteilung von Gütern nicht beliebig herunterfahren lassen. Das zukünftige Verhalten der Bevölkerung wird entscheidend sein (mehr im nächsten Kapitel). Vielleicht werden sich viele Privatpersonen dazu überreden lassen, mit leistungsschwächeren Fahrzeugen zu fahren. Der Trend der letzten Jahre weist allerdings in die umgekehrte Richtung. Auch könnte eine grössere Berücksichtigung des öffentlichen Verkehrs eine gewisse Entlastung bringen. (Zusätzliche Passagiere würden die Effizienz des ÖVs verbessern. Dieser Effizienzgewinn könnte allerdings durch einen weiteren Ausbau zunichte gemacht werden.) Vielleicht wären die Leute ja auch bereit, ihre Freizeitmobilität (44% der gefahrenen km im Personenverkehr wie aus dem Mikrozensus Mobilität und Verkehr 2015 des BFS hervorgeht) etwas zu reduzieren. In meinen Rechnungen (aber nicht in den Kommentaren) verzichte ich darauf, auf eine wesentliche Reduktion im Energieaufwand für die Mobilität zu spekulieren.

Mit den erwähnten Einsparungen wäre die benötigte Gesamtfläche an PV-Modulen noch

$85 \text{ km}^2 + 119 \text{ km}^2 + 89 \text{ km}^2 = 293 \text{ km}^2$ gross, oder etwa 20-mal so gross wie die zurzeit installierte PV-Fläche. (Gemäss BFE produzierten Photovoltaikanlagen $2{,}18 \times 10^9$ kWh Elektrizität im Jahr 2019. Rechnet man dies zurück, dann entspricht dies einer Solarzellenfläche von etwa $2{,}18 \times 10^9$ kWh $/ 150$ kWh $/ \text{m}^2 = 1{,}45 \times 10^7 \text{ m}^2 = \textbf{14,5 km}^2$.) Berücksichtigte man die geplante Windenergieproduktion, dann würde sich diese PV-Fläche um $5{,}1 \times 10^9$ kWh $/ 150$ kWh $/ \text{m}^2 = 3{,}4 \times 10^7 \text{ m}^2$ oder 34 km^2 verringern und wäre dann

259 km^2.

Die auf dieser Fläche produzierte Elektrizitätsmenge wäre

2,59 x 10^8 m^2 x 1,50 x 10^2 kWh / m^2 = **3,88 x 10^{10} kWh = 38,8 TWh**

Das BFE schätzte, dass auf Schweizer Dächern und Gebäudefassaden maximal 67 TWh Solarstrom produziert werden könnte (Medienmitteilung vom 15.04.2019), davon 50 TWh auf Dächern und 17 TWh auf Fassaden. Wie zuvor erwähnt erscheint diese Einschätzung als zu optimistisch. Die neue Studie von Walch et al. (2020) bezifferte die Fläche der für die PV-Produktion geeigneten Dächer auf 151 km^2. Damit liesse sich eine Energiemenge von

1,51 x 10^8 m^2 x 1,50 x 10^2 kWh / m^2 = 2,26 x 10^{10} kWh = 22,6 TWh

produzieren. Wenn die Fassaden im gleichen Ausmass berücksichtigt würden wie bei der BFE Studie, dann käme man auf **30,3 TWh**.

Es scheint also nicht möglich zu sein, die gesamte benötigte Strommenge auf den Dächern und Fassaden der Schweizer Gebäude zu produzieren. Es müssten noch zusätzlich

0,85 x 10^{10} kWh/ 1,50 x 10^2 kWh / m^2 = **57 km^2**

oder etwa doppelt so viel wie die Fläche des Brienzersees an PV-Modulen im Gelände verbaut werden. (Falls die Mobilitätsaufwand um etwa 50% reduziert werden könnte, dann könnte man theoretisch ohne diese Fläche auskommen.)

5.5. Beschaffung oder Herstellung von PV-Anlagen

Wie gross wäre der Energieaufwand für die Produktion der benötigten PV-Anlagen? Man könnte argumentieren, dass wir uns darum nicht kümmern müssten. Wir würden die PV-Zellen und andere Komponenten der PV-Anlagen in China oder anderswo einkaufen und dann hier montieren lassen. Was würde also die Photovoltaisierung der Schweiz kosten?

In der Schweiz rechnet man mit Kosten von etwa 2 Franken pro kWh produziertem PV-Strom (https://www.energie-gedanken.ch/2017/was-kosten-photovoltaik-anlagen-in-der-schweiz/; Zugriff: 28.04.2021). Für die 3,88 x 10^{10} kWh Elektrizität die produziert werden müssten, wären dies **77,6 Milliarden Franken.**

Diese zwar teure aber bequeme Lösung würde sich möglicherweise nicht anbieten. Wenn die konsequente Verwendung von Photovoltaik einer der wichtigsten Lösungsansätze zur

Erreichung der CO_2-Neutralität ist, dann werden sich die meisten anderen Länder ja auch darauf stürzen. Einkäufe in der benötigten Grössenordnung könnten wahrscheinlich gar nicht getätigt werden. Auch wäre es wohl unvertretbar, die Chinesen oder andere die von uns benötigten gigantischen Mengen an PV-Modulen und Zubehör produzieren zu lassen und ihnen die daraus resultierende Verschmutzung zu überlassen. Wie zuvor erwähnt, wird es kaum eine Option sein, auf den Ausbau der Photovoltaik zu verzichten und riesige Strommengen langfristig von Nachbarländern produzieren und uns über z.T. nichtexistierende Leitungen liefern zu lassen.

Wir werden also die PV-Anlagen selbst herstellen müssen. Eine zugegebenermassen etwas datierte Berechnung ergab, dass die Produktion von Solarmodulen eine Energiemenge von etwa 585 kWh / m^2 benötigt (Dale and Benson (2013)). Gemäss neueren Zahlen publiziert von Ferroni und Hopkirk (2016) beträgt dieser Wert eher etwa 1'290 kWh / m^2 und nach Installation etwa 1'380 kWh / m^2. Wenn wir einen mittleren Wert von 1'000 kWh / m^2 nehmen, dann wäre der Energieaufwand etwa

$$2{,}59 \times 10^8 \text{ m}^2 \times 10^3 \text{ kWh / m}^2 = 2{,}59 \times 10^{11} \text{ kWh} = 259 \text{ TWh.}$$

Das ist mehr als der Gesamtenergieverbrauch der Schweiz im Jahr 2019 (232 TWh). Es ist zu erwarten, dass die Photovoltaik in Schritten aufgebaut würde. Somit könnte sie auch selbst einen Energiebeitrag zu ihrem Ausbau leisten (über den Minderkonsum von Elektrizität von bestückten Gebäuden). Wenn wir jedes Jahr so viel PV-Fläche dazu bauen würden wie bisher installiert wurde, dann würde der Ausbau 19 Jahre beanspruchen. Kurz danach müsste mit dem Ersatz der ältesten Module begonnen werden… (Die Photovoltaik ist auf eine Laufdauer von 20-25 Jahren ausgerichtet.)

Es ergibt sich bereits aus der Notwendigkeit, grosse Strommengen für den Ausbau der Photovoltaik einzusetzen, dass sich am gegenwärtigen Produktionsmix von Elektrizität kurz- und mittelfristig nicht viel ändern sollte. Auf Kernenergie könnte also nicht kurzfristig oder mittelfristig verzichtet werden. Auf der Verbrauchsseite könnte die Elektromobilität nicht schnell ausgebaut werden. Anderenfalls müssten massiv grössere Stromeinkäufe im Ausland getätigt werden und/oder Gaskraftwerke im grossen Stil zum Einsatz kommen.

Abgesehen von diesem Beispiel wird der graue Energieaufwand in meinen Rechnungen nicht mitberücksichtigt. Wie besprochen, geht es mir vor allem darum, den Istzustand mit dem Sollzustand im Jahr 2050 zu vergleichen. Ich möchte aber nicht unerwähnt lassen, dass für einen Umbau des Energiewesens riesige weitere Investitionen von grauer Energie gemacht werden müssten (im Zusammenhang mit Gebäudesanierungen, dem Erstellen von geothermalen Anlagen, dem Ausbau von Wasserkraftwerken, dem Bau von Windkraftwerken,

Elektrolyseanlagen und Methanolisierungsanlagen, der Batterieproduktion für die Elektromobilität, usw.) Mein Mitautor geht im zwölften Kapitel ausführlicher auf diesen oft vernachlässigten Aspekt ein.

5.6. Speicherung von PV- «Sommerstrom»

<u>5.6.1. Speicherung mittels Pumpspeicherkraftwerken</u>

Wie bereits erwähnt, wäre Pumpspeicherung die energetisch günstigste Lösung. Gespeichert sein müssten

für den allgemeinen Elektrizitätsverbrauch: $(0{,}73 \times E_1 - 0{,}5 \times E_0) \times 0{,}9$ (Verlust Umwandlung von Elektrizität in potentielle Energie) $\times 0{,}56$ (Einsparungen Haushaltverbrauch) $= 0{,}29 \times 10^{10}$ kWh ($E_1 = 2{,}28 \times 10^{10}$ kWh: $E_0 = 2{,}16 \times 10^{10}$ kWh),

für die Mobilität: $(0{,}73 \times E_1 - 0{,}5 \times E_0) \times 0{,}9$ (Verlust Umwandlung von Elektrizität in potentielle Energie) $= 0{,}41 \times 10^{10}$ kWh ($E_1 = 1{,}78 \times 10^{10}$ kWh: $E_0 = 1{,}69 \times 10^{10}$ kWh), und

für Heizung/Warmwasser: $(0{,}73 \times E_1 - 0{,}075 \times E_0) \times 0{,}9$ (Verlust Umwandlung von Elektrizität in potentielle Energie) $\times 0{,}82$ (Berücksichtigung der voraussichtlich sanierten Gebäude) $= 0{,}80 \times 10^{10}$ kWh ($E_1 = 1{,}63 \times 10^{10}$ kWh: $E_0 = 1{,}41 \times 10^{10}$ kWh), also insgesamt

$1{,}50 \times 10^{10}$ kWh.

Wir können uns anhand des Beispiels der Grimselkraftwerke ein Bild von der Grössenordnung dieser zu speichernden Energiemenge machen. Der Kraftwerkskomplex ist eine der nur drei Anlagen, die eine installierte Leistung von > 1'000 MW aufweisen (oder einer von sechs Kraftwerkskomplexen mit einer Leistung von > 500 MW). Ein zurzeit hängiges Projekt sieht eine Erhöhung der Staumauer am Grimselsee von 23 m vor, ein Bauvorhaben dessen Kosten mit CHF 235 Millionen veranschlagt wurden. Nach Angabe der Betreiber würde sich mit dieser Erhöhung die speicherbare Energiemenge um

$2{,}40 \times 10^8$ kWh

vergrössern. Das Speichervolumen des Grimselsees würde mit diesem Ausbau beinahe verdoppelt. Ich nehme an, dass dies ein Beispiel für die vom Bund anvisierte Verdoppelung (oder Verdreifachung) der Speicherkapazitäten ist. Das Mammutprojekt würde also bloss **1,6% der Speicherkapazität** generieren, die notwendig wäre. Selbst wenn die anderen grösseren Speicherkraftwerke entsprechend ausgebaut würden, wäre man immer noch **mindestens**

eine Grössenordnung (Faktor 10) entfernt von der benötigten Speicherkapazität. Obschon eine Erweiterung der Speicherkapazität der Pumpspeicherkraftwerke einen wertvollen Beitrag leisten könnte, wäre das Speicherungsproblem noch nicht einmal im Ansatz bewältigt.

Am Beispiel der Grimselkraftwerke kann auch ein weiteres Problem aufgezeigt werden. Ein Baugesuch für die Erhöhung der Staumauer am Grimselsee wurde bereits im Jahr 2005 eingereicht. Der Kanton Bern erteilte 2012 die Konzession zur Erhöhung der Staumauer. Das Projekt wird von den Umweltverbänden Aqua Viva und Schweizerische Greina-Stiftung aus Natur- und Landschaftsschutzgründen bekämpft. Infolge ihrer Demarchen wurde das Projekt vom Bundesgericht im November 2020 vorläufig gestoppt. Selbst wenn nach weiteren Beurteilungen der Staumauerbau das grüne Licht bekommen würde, würde das Bauvorhaben selbst noch 6 weitere Jahre in Anspruch nehmen. Von der Einreichung des Baugesuchs bis zur Fertigstellung des Baus wären also 22 Jahre vergangen. Wenn diese Verzögerung typisch wäre, dann könnten weitere Ausbauprojekte an anderen Stauseen nur kurz vor 2050 realisiert sein. Es gibt offenbar Grün und Grün. Bislang werfen die Einen den Anderen Sand ins Getriebe.

Übrigens, der Bund sieht einen «Nettozubau» von 3,2 TWh (Elektrizität von Wasserkraft) bis im Jahr 2050 vor (https://www.newsd.admin.ch/newsd/message/attachments/58259.pdf; Zugriff: 06.05.2021). Das Beispiel des Staumauerbaus am Grimselsee lässt vermuten, dass da viel Zweckoptimismus im Spiel ist. Selbst wenn das Vorhaben realisiert werden könnte, würde dies bloss etwa 21% des Speicherbedarfs generieren.

<u>5.6.2. Wenn die Speicherkapazität nicht wesentlich ausgebaut werden kann, wäre dann vielleicht das «peak shaving» eine Alternative?</u>

Beim «peak shaving» ginge es in diesem Zusammenhang um die Vorstellung, dass man die photovoltaische Produktion so überdimensionieren könnte, dass sie in der Lage wäre, genug Winterstrom zu produzieren. Wäre dies wirklich ein vernünftiger Lösungsansatz?

Für die Elektrizitätsversorgung rechnete ich mit $2{,}16 \times 10^{10}$ kWh x 0,56 (sparsames Szenario). Wie besprochen fällt nur etwas mehr als ein Viertel der PV-Elektrizitätsmenge im Winterhalbjahr an, aber der Konsum ist mehr oder weniger konstant über das ganze Jahr. Die PV-Modulenfläche zur Abdeckung dieses Bedarfs wäre

$2{,}16 \times 10^{10}$ kWh x 0,56 x 50 / 27 x $1{,}5 \times 10^2$ m^2 / kWh = $1{,}49 \times 10^8$ m^2 = **149 km^2**.

Analoges gilt für die Elektromobilität. Eine Solarzellenfläche von

$1{,}69 \times 10^{10}$ kWh x 50 / 27 x $1{,}5 \times 10^2$ m^2 / kWh = **209 km²**

würde benötigt.

Besonders krass wäre es im Heizungsbereich. Ich schätzte, dass 92,5% der dafür aufgewendeten Energiemenge im Winterhalbjahr verbraucht wird. Die benötigte Energiemenge ($1{,}16 \times 10^{10}$ kWh) könnte von 77 km² PV-Modulen geliefert werden. Leider würden aber bloss 27% davon im Winterhalbjahr produziert werden. Um eine genügende Elektrizitätsmenge im Winterhalbjahr zur Verfügung zu haben, müsste die Solarzellenfläche auf 265 km² vergrössert werden:

1.16×10^{10} kWh x 92.5 / 27 x 1.5×10^2 m^2 / kWh = **265 km²**.

Die Gesamtfläche an Photovoltaikzellen wäre als

149 km² + 209 km²+ 265 km²– 34 km² (Berücksichtigung des Windstroms) = **589 km²**.

Dies entspricht etwa **41-mal** der Fläche aller bisher installierten Anlagen. Wie weiter oben besprochen, könnten etwa 30,3 TWh Elektrizität auf Gebäudeoberflächen produziert werden. Eine PV-Fläche von 589 km² hat eine Produktionskapazität von

$5{,}89 \times 10^8$ m^2 x $1{,}5 \times 10^2$ kWh / m^2 = 8.84×10^{10} kWh = 88,4 TWh.

Zusätzlich in der Landschaft zu verbauen wären PV-Anlagen mit einer Fläche von

$(88{,}4 - 30{,}3) \times 10^9$ kWh / $1{,}5 \times 10^2$ kWh / m^2 = $38{,}7 \times 10^7$ m^2 = **387 km²**.

Dies entspricht mehr als 4-mal der Fläche des Zürichsees.

Meine Meinung dazu: das «peak shaving» als Lösungsansatz wäre absurd.

5.6.3. Speicherung mittels «power-to-gas» Technologien

Wenn nicht ein Grossteil der im Winterhalbjahr benötigten PV-Elektrizität mittels Pumpspeicherung gespeichert werden könnte (und eine Batteriespeicherung völlig abwegig wäre wie im folgenden Kapitel diskutiert), und wenn wir vom «peak shaving» absehen wollten, dann müssten wir auf eine reine Elektromobilität verzichten.

Könnten «power-to-gas» (P2G) Technologien zur Lösung des Speicherungsproblems beitragen? Bei diesen Technologien wird Wasser (H_2O) elektrolytisch in Wasserstoff (H_2) und Sauerstoff (O_2) aufgespaltet. Der Wasserstoff kann entweder über Pipelines verteilt und dann von Verteilern (z.B. Tankstellen) komprimiert oder verflüssigt werden. Anderenfalls kann anfallender Wasserstoff vor Ort komprimiert oder verflüssigt werden und dann in Behältern/Tanks gelagert und verteilt werden. Ein Teil der im Wasserstoff gespeicherten Energie kann mittels Brennstoffzellen als Strom zurückgewonnen werden. Übrigens, Wasserstoff kann mit relativ wenig Verlust mittels der Sabatier Reaktion in Methan (CH_4) verwandelt werden. Mit etwas grösserem Verlust kann auch Methanol (CH_3OH) hergestellt werden.

5.6.4. Wasserstoff-unterstützte Mobilität

Könnte der Teil des PV-Sommerstroms, der im Winterhalbjahr für die elektrisch motorisierte Mobilität benötigt würde, in Wasserstoff umgewandelt und dann als Wasserstoff gespeichert werden? Falls dies möglich wäre, dann würde sich die restliche PV-Sommerelektrizitätsmenge, die in Pumpspeicherseen gespeichert werden müsste, auf etwa

$1,09 \times 10^{10}$ kWh oder 10,9 TWh

verkleinern. Dies wäre jedoch immer noch 45-mal mehr als der Ausbau der Grimselkraftwerke brächte, also wohl immer noch ziemlich unrealistisch. Aber fahren wir trotzdem weiter.

Es liegt auf der Hand, dass die direkte Verwendung von Elektrizität zum Antrieb eines elektrischen Fahrzeugs effizienter ist als eine indirekte Verwendung, bei welcher Elektrizität zur Elektrolyse von Wasser benutzt wird und der so generierte Wasserstoff komprimiert oder verflüssigt (gekühlt) und dann im Fahrzeug mittels einer Brennstoffzelle in Elektrizität zurückverwandelt wird, welche dann den Elektromotor des Fahrzeugs antreibt. Die Produktion von Wasserstoff mittels Elektrolyse kann mit einer Effizienz von 60-_80_% betrieben werden. Die elektrische Energieeffizienz von (Wasserstoff) Brennstoffzellen kann bei 50-_60_% liegen. Die resultierende «round trip efficiency» (Effizienz der Umwandlung von Elektrizität zu Wasserstoff und zurück in Elektrizität) beträgt somit 30-_48_%. Ich werde mit einer Effizienz von 48% rechnen. Für die Komprimierung des Wasserstoffs werde ich mit einer Effizienz von 85% rechnen.

Wegen den grossen Verlusten, die in den P2G Technologien inhärent sind, nehme ich hier an, dass wir mit Hybridfahrzeugen fahren würden, welche sowohl mit Strom als auch mit Wasserstoff (oder Methanol wie weiter unten diskutiert) betrieben werden könnten. Im Sommer würde ausschliesslich mit Strom, und im Winter wahlweise mit Strom oder Wasserstoff gefahren werden. Die Herstellung solcher Fahrzeuge benötigt keiner weiteren Innovation. Auf diese Weise müssten wir «nur» die überschüssige PV-Sommerelektrizität in Wasserstoff umwandeln zur Ergänzung der Wintermobilität. (Diese Hybridmöglichkeit würde möglicherweise nicht zur Verfügung stehen wie im nächsten Kapitel besprochen.)

Wenn die gesamte auf fossilen Treibstoffen beruhende Mobilität auf photovoltaisch erzeugte Elektrizität und photovoltaisch erzeugten Wasserstoff umgestellt würde (und der Wasserstoff in flüssiger Form gelagert und verteilt würde wie weiter unten besprochen), dann wäre die für die Mobilität zu produzierende Energiemenge (E_1)

$$0,5 \times E_0 = (0,73 \times E_1 - 0,5 \times E_0) \times 0,48 \times 0,8 + 0,27 \times E_1$$

E_1: effektiv zu produzierende Energiemenge

E_0: Bedarf = 1.69×10^{10} kWh

$0,5 \times E_0$: Winterbedarf (oder Sommerbedarf)

$(0,73 \times E_1 - 0,5 \times E_0)$: überschüssige PV-Sommerenergie, die als Wasserstoff gespeichert würde

$0,48$: «round trip efficiency»

$0,8$: Berücksichtigung des Energieaufwandes zur Verflüssigung des Wasserstoffs

$$E_1 = (0,5 + 0,5 \times 0,48 \times 0,8)\, E_0 / (0,73 \times 0,48 \times 0,8 + 0,27) = \mathbf{2,13 \times 10^{10}\ kWh}$$

und die entsprechende Solarzellenfläche

$$2,13 \times 10^{10}\ \text{kWh} / 1,50 \times 10^2\ \text{kWh} / \text{m}^2 = \mathbf{142\ km^2}.$$

Die insgesamt benötigte PV-Fläche würde sich auf

$85\ km^2 + 142\ km^2 + 89\ km^2 - 34\ km^2$ (Windenergie) $= 282\ km^2$, oder etwa 19-mal die gesamte bisher verbaute Fläche

vergrössern. Die produzierte Strommenge dieser PV-Fläche wäre

$$2,82 \times 10^8\ \text{m}^2 \times 1,50 \times 10^2\ \text{kWh/m}^2 = \mathbf{4,23 \times 10^{10}\ kWh = 42,3\ TWh}.$$

PV-Anlagen auf allen geeigneten Gebäudeflächen würden 30.3 TWh beitragen (s. oben). Zusätzlich müssten also noch

$$1,20 \times 10^{10}\ \text{kWh} / 1,50\ 10^2\ \text{kWh} / \text{m}^2 = \mathbf{80\ km^2}$$

Landschaft mit PV-Modulen überbaut werden (**etwas weniger als die Fläche des Zürichsees**).

Wenn Speicherung in Pumpspeicherkraftwerken nicht möglich wäre, und der «peak shaving» Ansatz zur Anwendung käme, dann wäre die benötigte PV-Fläche

149 km^2 + 142 km^2 + 265 km^2– 34 km^2 (Berücksichtigung des Windstroms) = **522 km^2, was beinahe der gesamten Fläche des Bodensees entspricht**. Ich nehme an, dass sich ein Kommentar erübrigt.

Zurück zur Speicherung des Wasserstoffs für die Wintermobilität. Die zu speichernde Energiemenge wäre

$(0,73 \times E_1 - 0,5 \times E_0) \times 0,8$ (Elektrolyseeffizienz) = $(0,73 \times 2,02 \times 10^{10}$ kWh $- 0,5 \times 1.69 \times 10^{10}$ kWh) $\times 0,8 = 0,50(4) \times 10^{10}$ kWh. $(E_1 = (0,5 + 0,5 \times 0,48) E_0 / (0,73 \times 0,48 + 0,27) = 2.02 \times 10^{10}$ kWh).

Der Energiegehalt von Wasserstoff ist etwa 33,3 kWh / kg. Es müssten also

$50,(4) \times 10^8$ kWh / 33,3 kWh / kg = $1,51 \times 10^8$ kg = $1,51 \times 10^5$ Tonnen

Wasserstoff gespeichert werden. Bei einer Dichte von 0,081 kg / m^3 bei Raumtemperatur (300 K) würde das zu speichernde Gasvolumen

$1,51 \times 10^8$ kg / 0,081 kg / m^3 = $1,86 \times 10^9$ m^3 = **1,86 km^3**

betragen. Dies entspricht **1,5-mal dem Wasservolumen des Bielersees**.

Um grosse Volumen von atmosphärischem Wasserstoff zu speichern, müsste man auf geeignete geschlossene geologische Formationen zurückgreifen können. Verschiedene Projekte zielen darauf ab, Wasserstoff in Kavernen zu lagern, welche durch das Herauswaschen von Salz aus Salzstöcken entstanden sind bzw. kreiert wurden. Ein solches Projekt läuft in Utah, in der Nähe von Salt Lake City. Das «Advanced Clean Energy Storage Project» (ACES) ist dabei, eine Speichergruppe zu verwirklichen, welche Wasserstoff mit einem Energieinhalt von 8,76 $\times$ 10^9 kWh lagern kann. Dies würde genügen für eine Wasserstoff-unterstützte Schweizer Mobilität. In einer ersten Ausbauphase würde Wasserstoff mit einem Energiegehalt von 1,5 x 10^8 kWh gespeichert. Die verwendete Kaverne hat einen Durchmesser von über 0,8 km und ist 1,6 km tief (Volumen: 0,08 km^3). Die « Hypos Alliance» plant einen Salzkavernenspeicher mit 1,5 x 10^8 kWh Kapazität in Sachsen-Anhalt anzulegen.

Meines Wissens gibt es in der Schweiz keine Salzstöcke von auch nur annähernd vergleichbarer Grösse, womit diese Speicherungsstrategie wegfällt. Kavernen die sich für die

Gaslagerung eignen könnten, wurden im Grimselgebiet identifiziert. Es geht dabei um ein System von 4 Kavernen, welche 0,11 km^3 Gas speichern könnte. Das ist etwa 6 % des benötigten Volumens für die Wasserstoffspeicherung für Mobilitätszwecke.

An eine Lagerung von komprimiertem Wasserstoff in der notwendigen Grössenordnung ist aus heutiger Sicht nicht zu denken: die Speicherung von grossen Wasserstoffvolumen ist ein völlig ungelöstes Problem. Für eine Speicherung in flüssiger Form müssten Behälter für etwa 1,36 x 10^8 kg / 71 kg / m^3 (Dichte flüssiger Wasserstoff) = 1,92 x 10^6 m^3 (1,92 Milliarden Liter) gebaut werden. Die zurzeit grössten gekühlten Behälter für flüssigen Wasserstoff (NASA) halten 250 Tonnen (Andersson and Grönkvist, 2019). Das Volumen dieser Tanks ist 2,5 x 10^5 kg / 71 kg / m^3 = 3,52 x 10^3 m^3 = 3,52 Millionen Liter. Gebraucht würden also mindestens **545 NASA Tanks**.

Wasserstoff würde in Fabrikanlagen hergestellt und verflüssigt. Ein Verteilnetz für den flüssigen Wasserstoff müsste aufgebaut und betrieben werden – noch mehr Mobilität und weitere Verluste. Die Grössenordnung eines solchen Aufwandes übersteigt etwas die Vorstellungskraft.

<u>5.6.5. Methanol-unterstützte Mobilität</u>

Anstelle von Wasserstoff könnte man Methanol für die Mobilität verwenden. Der Prozess zur Herstellung von Methanol aus Wasserstoff und CO_2 ist bekannt und liefert Methanol und Wasser. Methanol muss danach mittels Destillation gereinigt werden. Die Prozessverluste sind in einer Grössenordnung von etwa 20% (Anderson und Grönkvist (2019)). An Methanol Brennstoffzellen wird intensiv geforscht. Bisher erreichten diese Brennstoffzellen noch nicht ganz die Effizienz von Wasserstoff Brennstoffzellen. Es darf gehofft werden, dass die Optimierung nur eine Frage der Zeit ist. Ich nehme hier an, dass die Methanol Brennstoffzellen die gleiche Effizienz haben werden wie die Wasserstoff Brennstoffzellen. Der grosse Vorteil von Methanol gegenüber dem Wasserstoff ist, dass Methanol bei Raumtemperatur eine Flüssigkeit ist. Die Speicherung in grossen Tanks sowie auch in Fahrzeugtanks ist relativ anspruchslos. Eine Lagerung und Verteilung unter Druck oder tiefgekühlt wie beim Wasserstoff würde wegfallen. Das Volumen von Methanol, das in Tanks gespeichert werden müsste, berechnet sich wie folgt:

$$0,5 \times E_0 = (0,73 \times E_1 - 0,5 \times E_0) \times 0,48 \times 0,8 \text{ (Effizienz Umwandlung } H_2 \text{ zu } CH_3OH) + 0,27 \times E_1$$

$$E_1 = (0,5 + 0,5 \times 0,48 \times 0,8) \times E_0 \ (1,69 \times 10^{10} \text{ kWh}) / (0,73 \times 0,48 \times 0,8 + 0,27) = 2,13 \times 10^{10} \text{ kWh}$$

Zu speichernde Energiemenge in Form von Methanol:

$(0,73 \times E_1 - 0,5 \times E_0) \times 0,8$ (Elektrolyseeffizienz) $\times 0,8$ (Effizienz Umwandlung H_2 zu CH_3OH) $= 0,45(4) \times 10^{10}$ kWh

Zu speicherndes Methanol Volumen: $0,45(4) \times 10^{10}$ kWh (zu speichernde Energiemenge) / $6,49$ kWh / kg (Energiegehalt - Heizwert) $\times 787$ kg / m^3 (Dichte) =

$0,89 \times 10^6$ m^3.

Die Schweiz betreibt Pflichtlager von Treib- und Brennstoffmengen, welche für 4.5 Monate Betrieb ausreichen. Gemäss BFE betrug im Jahr 2019 der Benzinverbrauch 2'282'000 Tonnen, der von Diesel 2'699'000 Tonnen und der von leichtem Heizöl 2'533'000 Tonnen. Im Pflichtlager sollten sich also 856'000 Tonnen Benzin ($1,16 \times 10^6$ m^3), 1'012'000 Tonnen Diesel ($1,22 \times 10^6$ m^3) und 950'000 Tonnen leichtes Heizöl (etwa $1,13 \times 10^6$ m^3) befinden. Die vorhandene Lagerkapazität würde für die Lagerung der für das Winterhalbjahr benötigten Methanol Menge von $0,89 \times 10^6$ m^3 ausreichen.

Zusammenfassend kann man sagen, dass eine Methanol-unterstützte Mobilität denkbar wäre. Wie oben besprochen, bliebe das Problem der Speicherung von PV-Sommerstrom für alle anderen Bereiche weitgehendst ungelöst.

<u>5.6.6. Methanol-unterstützte Heizung und Warmwassererzeugung</u>

Könnte mit Methanol auch die Wärmeerzeugung unterstützt werden? Die zur geothermischen Heizung und Warmwasserzubereitung notwendige Energiemenge wäre

$1,41 \times 10^{10}$ kWh.

Nach Berücksichtigung der voraussichtlich bis 2050 sanierten Gebäude kämen wir auf

$1,41 \times 10^{10}$ kWh $\times 0,7 + 1,41 \times 10^{10}$ kWh $\times 0,3 \times 0,4 = 1,16 \times 10^{10}$ kWh $= E_{00}$

Nehmen wir wieder an, dass die «round trip efficiency» 48% beträgt und dass bei der Methanol Herstellung noch ein Verlust von 20 % entsteht. Auch würden wir nur mit Methanol heizen, wenn keine PV-Elektrizität zur Verfügung steht. Die zu produzierende PV-Energiemenge wäre

$0,925 \times E_{00} = (0,73 \times E_1 - 0,075 \times E_{00}) \times 0,48$ (round trip efficiency) $\times 0,80$ (Verlust H_2 zu CH_3OH) $+ 0,27 \times E_1$

$E_1 = (0,925 + 0,075 \times 0,48 \times 0,80)\ E_{00} / (0,73 \times 0,48 \times 0,80 + 0,27) = \mathbf{2,01 \times 10^{10}}$ **kWh**.

In Form von Methanol gespeichert: $(0.73 \times E_1 - 0.075 \times E_{00}) \times 0.8$ (Elektrolyseeffizienz) $\times 0.8$ (Verlust H_2 zu CH_3OH) = **0,88 x 10^{10} kWh**

Dis entspräche einem Methanol Volumen von

$0{,}88 \times 10^{10}$ kWh / 6.49 kWh / kg (Energiegehalt) $\times 787$ kg/m^3 (Dichte) = **1,72 x 10^6 m^3.**

Das zu lagernde Methanol Volumen für den Wärme- und Mobilitätsbedarf im Winterhalbjahr wäre $0{,}89 \times 10^6$ m^3 + $1{,}72 \times 10^6$ m^3 = $2{,}61$ m^3. Die gegenwärtig vorhandene Lagerkapazität beträgt $3\text{-}4 \times 10^6$ m^3.

Wenn sowohl die Mobilität als auch Gebäudeheizung/Warmwasserzubereitung Methanol verwenden würden, um das PV-Winterloch zu kompensieren, hätte dies Konsequenzen für die benötigte PV-Fläche und die Stromspeicherung mittels Pumpspeicherkraftwerken. Für den Elektrizitätsbedarf (mit Pumpkraftwerkspeicherung) müssten wir

$2{,}28 \times 10^{10}$ kWh $\times 0{,}56$ (sparsame Verwendung) = $1{,}28 \times 10^{10}$ kWh PV-Elektrizität erzeugen,

für Heizung und Warmwasser $2{,}01 \times 10^{10}$ kWh und für die Mobilität $2{,}13 \times 10^{10}$ kWh.

Die insgesamt zu produzierende Elektrizitätsmenge wäre $5{,}42 \times 10^{10}$ kWh = $54{,}2$ TWh. Zusätzlich zu allen geeigneten Gebäudeoberflächen müsste eine riesige PV-Modulenfläche von

$(54{,}2 - 30{,}3) \times 10^9$ kWh / $1{,}5 \times 10^2$ kWh / m^2 = $15{,}9 \times 10^7$ m^2 = **159 km^2**

im Gelände installiert werden. **Dies entspricht beinahe der Fläche des Schweizer Teils des Bodensees.**

Ein positiver Effekt wäre die geringere Strommenge, die in Speicherseen gespeichert werden müsste, nämlich $0{,}29 \times 10^{10}$ kWh. Dies entspricht «bloss» 12-mal der vom geplanten Ausbau der Grimselkraftwerke erwarteten zusätzlichen Speicherkapazität. Damit wäre die Diskrepanz zwischen der benötigten und der voraussichtlich zur Verfügung stehenden Pumpspeicherkapazität beträchtlich kleiner als bei den ersten Szenarien.

5.6.7. CO_2 für die Herstellung vom Methanol

Wie bereits erwähnt, wird CO_2 benötigt zur Herstellung vom Methanol. Die Herstellung folgt der chemischen Reaktion

$$CO_2 + 3H_2 \rightarrow CH_3OH + H_2O$$

(Bowker, M. (2019)). Die einzigen Quellen von erneuerbarem CO_2, welche uns in einer CO_2-neutralen Schweiz zur Verfügung stehen würden, wären Abfall, «captured» CO_2 der Schwerindustrie und Holz. Wenn Abfallverbrennungs- und Schwerindustrieanlagen nicht an Orten stünden, an denen man Methanol würde produzieren wollen, müsste mit Holz gearbeitet werden. Hätten wir überhaupt genügend Holz zur Verfügung, um die notwendigen Mengen an CO_2 für die Methanol Herstellung zu erzeugen?

Zur Energiegewinnung eingesetzt wurden etwa $6{,}03 \times 10^6$ m^3 im Jahr 2018 (Jahrbuch Wald und Holz, BAFU, 2019). Diese Holzmenge hat ein Gewicht von ungefähr $4{,}34 \times 10^9$ kg (Holzdichte: ca. 720 kg / m^3). Holz besteht etwa zur Hälfte aus Kohlenstoff (C). Bei der Verbrennung sollten etwa

$4{,}34 \times 10^{12}$ g x 0.5 (C Gehalt) x 44 (MW CO_2) / 12 (MW C) = $7{,}96 \times 10^{12}$ g CO_2 generiert werden. Dies wären

$7{,}96 \times 10^{12}$ g / 44 g / Mol = $1{,}81 \times 10^{11}$ Mol CO_2.

Wie weiter oben besprochen ist die für die Wintermobilität benötigte Energiemenge in Form von Methanol $0{,}45 \times 10^{10}$ kWh. Dies entspricht

45×10^8 kWh / 6.49 kWh / kg = $6{,}93 \times 10^{11}$ g Methanol (MW: 32) = $2{,}2 \times 10^{10}$ Mol Methanol.

Ein Mol CO_2 wird für die Synthese von 1 Mol Methanol benötigt. Wir bräuchten also

$2{,}2 \times 10^{10}$ Mol CO_2.

Um das für die Mobilität benötigte Methanol Volumen zu produzieren, müssten bloss etwa 12% des verfügbaren Brennholzes dafür eingesetzt werden. Die bei der Verfeuerung anfallende Wärmeenergie könnte zur Elektrizitätsproduktion und/oder für Fernheizung genutzt werden.

Wie einleitend erwähnt, sind Technologien zur Absonderung von CO_2 aus der Luft («direct air carbon capture» oder DACC) zurzeit noch unausgereift (Chatterjee und Huang (2020)). Ich möchte dennoch erwähnen, dass möglicherweise mittels solcher Technologien das für die Methanol Herstellung benötigte CO_2 bereitgestellt werden könnte.

5.6.8. Solarthermie und die Speicherung saisonal anfallender thermaler Energie

Ich habe die Solarthermie und die damit verbundene Möglichkeit der Speicherung saisonal anfallender thermaler Energie nicht berücksichtigt aus dem einfachen Grund, dass bei allen besprochenen Szenarien alle geeigneten Gebäudeoberflächen restlos von der Photovoltaik vereinnahmt würden. Es würde einfach kein Platz mehr zur Verfügung stehen. Natürlich könnten solarthermische Kraftwerke auch in der Landschaft gebaut werden. Ausserdem bestünde die Möglichkeit, PV-T Technologie anstelle der geläufigen Photovoltaik zu verwenden. Bei dieser Technologie wird ein thermaler Kollektor auf der Rückseite eines PV-Panels angebracht, welcher einen Teil der von der PV-Zelle erzeugten Wärme auffängt, welche dann zur Warmwasserzubereitung verwendet werden kann. Jesse Dean und Kollegen vom U.S. National Renewable Energy Laboratory führten eine Modellstudie durch mit einer 31,5 kW (photovoltaische Leistung) / 69 kW (thermische Leistung) PV-T Anlage, welche auf dem Dach eines Gebäudes in Boston montiert wurde. Die Anlage produzierte etwa 6 MWh Wärmeenergie. Diese Technologie könnte also einen gewissen Beitrag leisten (auch über eine Verbesserung der Effizienz der PV-Stromproduktion durch Abkühlung der PV-Panels), der allerdings nicht matchentscheidend wäre.

Weitere Gründe die gegen eine saisonale Speicherung von Wärme sprechen sind technischer und ökonomischer Natur. Dezentrale saisonale Speicherung von Wärme in der Form von warmem Wasser ist mit riesigen Speicherverlusten verbunden. Mit der Vergrösserung des Volumen-zu-Oberflächenverhältnisses verkleinern sich die Verluste. Es müssten also Grossanlagen gebaut werden. Zusätzlich zu den entstehenden Kosten käme die Frage auf, wie solche Anlagen in bereits bestehende Überbauungen integriert werden könnten.

Es gäbe noch andere Möglichkeiten. Anstelle von warmem Wasser (sensible Wärme) könnte latente Wärme in sogenannten Phasenübergangsmaterialien (Materialien die ihren Aggregatszustand ändern bei Erhitzung) gespeichert werden (Sarbu und Sebarchievici (2018)). Dies wäre ein wenig vorteilhafter, würde sich aber kaum für die saisonale Speicherung von Wärme eignen. Vielversprechender wären Sorptionstechnologien, bei welchen z.B. ein hydriertes Salz erhitzt wird und dabei sein assoziiertes Wasser verliert. Bei der Reassoziierung mit Wasser wird Wärmeenergie zurückgewonnen. Allerdings sind Anlagen, die auf diesem Prinzip beruhen, noch technisch unausgereift und deren Wirtschaftlichkeit ist noch nicht absehbar (Scapino et al. (2017)).

Eine zukunftsträchtige Projektstudie wurde neuerlich vorgestellt (Schmidt und Linder (2020)). Die untersuchte Technologie beruhte auf der thermochemischen Umwandlung von Kalziumhydroxid zu Kalziumoxid. Das energiereiche Kalziumoxid kann unbeschränkt gelagert werden. In der Gegenwart von Wasser oder Wasserdampf verwandelt sich das Kalziumoxid zurück zu Kalziumhydroxid, wobei die gespeicherte Energie in Form von Wärme freigegeben wird. Theoretisch könnten 58% der für die Erhitzung von Kalziumhydroxid (Umwandlung zu Kalziumoxid) aufgewendeten elektrischen Energie nach beliebig langer Speicherung als

Wärmeenergie zurückerhalten werden. Die Verwirklichung dieser Technologie wäre ein Schritt vorwärts. Dennoch, etwa die Hälfte der elektrischen Energie würde verloren gehen. Die für Heizung und Warmwasser aufzuwendende Elektrizitätsmenge wäre wesentlich grösser als bei der oben besprochenen Methanol-betriebenen geothermischen Anlage.

5.7. Übersicht:

Zu produzierende PV-Elektrizität – theoretisch notwendige PV-Fläche

	Ersatz von nuklear oder fossil erzeugtem Strom	Elektrisch motorisierte Mobilität	Geothermische Heizung und Warmwasser-erzeugung	Total
Strombedarf (TWh)	21,6	16,9	14,1	52,6
PV-Fläche (km²)*	144	113	94	351

Bei Pumpspeicherung des überschüssigen Sommerstroms (unwahrscheinliches Szenario: niemand glaubt daran, dass die notwendige Speicherkapazität je geschaffen werden kann):

Strombedarf (TWh)	22,8	17,8	16,3	56,9
PV-Fläche (km²)	152	119	109	380

Bei Pumpspeicherung des überschüssigen Sommerstroms unter Berücksichtigung von Einsparungen im Elektrizitätsverbrauch von Haushalten und im Wärmebereich durch voraussichtliche Gebäudesanierungen (unwahrscheinliches Szenario: niemand glaubt daran, dass die notwendige Speicherkapazität je geschaffen werden kann):

Strombedarf (TWh)	12,8	17,8	13,4	44,0
PV-Fläche (km²)	85	119	89	293

Peak-shaving anstelle von Speicherung unter Berücksichtigung von Einsparungen im Elektrizitätsverbrauch von Haushalten und im Wärmebereich durch voraussichtliche Gebäudesanierungen:

Strombedarf (TWh)	22,4	31,4	39,8	93,6
PV-Fläche (km²)	149	209	265	623

Bei Pumpspeicherung des überschüssigen Sommerstroms für die Elektrizitätsversorgung und Benutzung von P2G Technologie zur Methanol-unterstützten Mobilität und Heizung/ Warmwasserzubereitung (unter Berücksichtigung von Einsparungen im Elektrizitätsverbrauch von Haushalten und im Wärmebereich durch voraussichtliche Gebäudesanierungen):

Strombedarf (TWh)	12,8	21,3	20,1	54,2
PV-Fläche (km²)	85	142	134	361

* Für PV geeignete Gesamtfläche (Dächer und Fassaden) auf Gebäuden: **202 km²**

5.8. Fazit

Photovoltaikstrom könnte den Strom ersetzen, der heute von Kernkraftwerken und Kraftwerken, welche fossile Energieträger verfeuern, erzeugt wird. Alle Strassenmobilität könnte auf elektrisch motorisierte Fahrzeuge umgestellt werden. Die Heizung und Warmwasserzubereitung könnte konsequent mittels geothermischer (oder analoger) Anlagen erfolgen. Die notwendigen Elektrizitätsmengen für die Mobilität und Heizung/Warmwasserzubereitung würden ebenfalls photovoltaisch erzeugt. Damit wären wir beinahe CO_2 neutral. Die für die Industrie und den Dienstleistungssektor benötigten Elektrizitätsmengen sind vorhanden, und die Erzeugung von Raumwärme/Warmwasser könnte in diesen Sektoren ebenfalls mittels Geothermie erfolgen. Ich habe in meinen Überschlagsrechnungen vereinfachend angenommen, dass fossile Brennstoffe ausschliesslich für Heizung und Warmwassererzeugung verwendet werden. In Wirklichkeit benötigt die Industrie einen grossen Teil der von ihr konsumierten fossilen Brennstoffe zur Erzeugung von Prozesswärme und als Ausgangstoffe für Produkte. Im Rahmen des Möglichen müsste die Erzeugung von Prozesswärme ebenfalls elektrisch erfolgen. Wo weiterhin fossile Brennstoffe für die Herstellung von Prozesswärme verwendet würden, müsste das generierte CO_2 eingefangen und gelagert werden. Dann ist da noch der Flugverkehr (1'877'000 Tonnen Flugbenzin in 2019), der auf biogene (voraussichtlich im Ausland eingekaufte) Treibstoffe umgestellt werden müsste.

Es ist wichtig sich daran zu erinnern, dass ich nur die energetisch günstigsten Lösungen berücksichtigt habe. Eine Elektromobilität (Betrieb) verbraucht etwa 3,5-mal weniger Energie als eine fossile Mobilität. Geothermische Heizung/Warmwasserzubereitung (vorzugsweise mittels Wasser-Wasser Wärmepumpen) benötigt bis zu 4,5-mal weniger Energie als die herkömmliche Technologie. Um das CO_2-Ziel zu erreichen, benötigten wir dennoch eine gigantische Fläche von PV-Modulen. Im letzten, halbwegs plausiblen Szenario (pumpgespeicherte PV-Energie zur Komplementierung der Elektrizitätsversorgung und Methanol-unterstützte Mobilität und Heizung/Warmwasserzubereitung) machte ich überdies die Annahme, dass Haushalte im Jahr 2050 nur noch halb so viel Strom verbrauchen werden wie heute. Ebenfalls berücksichtigt habe ich, dass voraussichtlich etwa 30% aller Gebäude energetisch saniert sein werden im Jahr 2050. Auch mit diesen Effizienzgewinnen kam ich auf eine PV-Anlagenfläche von etwa 361 km^2. Dies würde die verfügbare Fläche auf Hausdächern und Gebäudefassaden (etwa 202 km^2) weit übersteigen. Es müssten zusätzlich noch PV-Parks mit einer Modulenfläche von insgesamt etwa 160 km^2 in Gelände gebaut werden. Dies entspricht etwa 2-mal der Fläche des Zürichsees. Man muss diese Zahlen auch am bisher Erreichten messen. Aller Hype der letzten Jahre zum Trotz wurden bisher erst etwa 14,5 km^2

Photovoltaik installiert. Wir bräuchten also etwa 25-mal mehr, was Unmengen von grauer Energie verschlingen würde.

Es ist das Wesen der Solarenergie, dass sie hauptsächlich im Sommerhalbjahr anfällt. Dieser triviale Satz beinhaltet das Hauptproblem der Nutzung von Solarenergie. Photovoltaikzellen produzieren etwa 73% ihres Stroms im Sommerhalbjahr und 27% im Winterhalbjahr. Der Elektrizitätsverbrauch von Haushalten sowie von Industrie und Dienstleister ist mehr oder weniger konstant über das Jahr hinweg. Das gleiche gilt für die Mobilität und die Warmwasserzubereitung. Besonders krass ist es bei der Heizung, welche bekannterweise fast ausschliesslich im Winterhalbjahr betrieben wird, während der Solarstrom hauptsächlich im Sommerhalbjahr anfällt.

Es ergibt sich daraus, dass für die Ergänzung der Elektrizitätsversorgung und für die elektrisch motorisierte Mobilität etwas weniger als ein Drittel des im Sommerhalbjahr dafür produzierten PV-Stroms für das Winterhalbjahr gespeichert werden müsste. Für Heizung/ Warmwasserherstellung müssten 90% des dafür produzierten Sommerstroms für den Winter gespeichert werden. Die energetisch günstigste Speicherung wäre mittels Pumpspeicherkraftwerken. Unglücklicherweise steht im Sommer keine ungenutzte Speicherkapazität zur Verfügung. Die benötigte Kapazität müsste also zugebaut werden. Die zu speichernde Strommenge (aller überschüssiger Sommerstrom für die allgemeine Elektrizitätsversorgung, die Elektromobilität und Heizung/Warmwasser im Winter) wäre etwa $1{,}50 \times 10^{10}$ kWh. Zur Veranschaulichung habe ich den geplanten Ausbau der Grimselkraftwerke herangezogen. In diesem Projekt, welches schon seit vielen Jahren von Umweltverbänden bekämpft wird, soll die Grimselseestaumauer um 23 m erhöht werden. Damit würde eine zusätzliche Speicherkapazität von $2{,}40 \times 10^{8}$ kWh geschaffen. Das Mammutbauwerk würde als bloss etwa 1.6% der benötigten Kapazität generieren. Es ist klar, dass auch mit dem Ausbau aller grösseren Speicherkraftwerke nur ein Bruchteil der notwendigen Kapazität geschaffen werden könnte. Ob dieser Ausbau überhaupt politisch machbar sein wird, steht noch auf einem anderen Blatt geschrieben. So oder so wären wir auch mit einem ambitionierten Ausbau sehr weit von einer hinreichenden Speicherkapazität entfernt.

Die Idee den fürs Winterhalbjahr benötigten Sommerstrom mittels Batterien zu speichern wird im nächsten Kapitel besprochen. Es genügt hier vorausgreifend zu sagen, dass diese Speichermöglichkeit nicht zur Verfügung stehen wird.

Die Speicherung von riesigen Strommengen könnte allenfalls mittels des sogenannten «peak shaving» umgangen werden. Dabei würde man die Photovoltaik so ausbauen, dass sie auch im Winterhalbjahr den benötigten Strom liefern könnte. Im Sommerhalbjahr würde viel zu viel Strom produziert, was mit einer Abschaltung eines Teils der Anlagen verhindert werden könnte. Die dafür benötigte Photovoltaikfläche wäre wirklich gigantisch. Auch nach Berücksichtigung eines halbierten Verbrauchs von Elektrizität in den Haushalten und der Sanierung von 30% aller Gebäude müssten, zusätzlich zu allen verfügbaren Gebäudeoberflächen, noch Solaranlagen mit einer Gesamtfläche von etwa 420 km^2 gebaut werden. Dies entspräche etwa 5-mal der Fläche des Zürichsees. Die Begeisterung für ein solches Unterfangen würde sich vermutlich in Grenzen halten.

Der für die Wintermobilität und für Heizung/Warmwasser im Winter zusätzlich benötigte Strom könnte in Form von Wasserstoff, Methan oder Methanol gespeichert werden. Bei Bedarf könnte Strom über Brennstoffzellen zurückgewonnen werden. Das vordergründigste Problem damit wären die unvermeidbaren Verluste. Die sogenannte «round trip efficiency» für Wasserstoff liegt bei höchstens etwa 50%, d.h. bei der Umwandlung von Strom zu Wasserstoff und zurück zu Strom gehen etwa 50% der ursprünglichen Energiemenge verloren. (Wie später besprochen, könnten diese Verluste durch Rückgewinnung von Abwärme nur wenig reduziert werden.) Die Umwandlung von Wasserstoff zu Methanol ist mit zusätzlichen Verlusten verbunden. Weitere Verluste werden durch Transport, Lagerung and Verteilung verursacht. Bei zentraler oder regionaler Herstellung wäre Methanol wohl der vorteilhafteste Energieträger. Möglichkeiten in grossem Umfang atmosphärischen Wasserstoff oder Methan zu speichern wären in der Schweiz sehr limitiert. Die Speicherung und Verteilung von komprimierten oder flüssigen Gasen wären möglich, würden aber den Ausbau einer gewaltigen Infrastruktur voraussetzen. Methanol ist flüssig bei Raumtemperatur und könnte deshalb mit relativ bescheidenem Aufwand gelagert werden.

Bezüglich der vorgesehenen Windstromproduktion war ich möglicherweise zu optimistisch. Obwohl die Windenergieproduktion im Winter am zuverlässigsten sein sollte, kamen auch schon Flauten von mehreren Wochen mitten in Winter vor. Verlässt man sich nicht auf die Windproduktion, dann vergrössert sich der geschätzte PV-Flächenbedarf um 34 km^2.

In meinen Überschlagsrechnungen habe ich verschiedenste Verluste wie z.B. Stromtransportverluste nicht berücksichtigt. Den Unterhalt und die Erneuerung der gebauten Anlagen habe ich ebenfalls ignoriert. Die Photovoltaikanlagen sowie die Speichermöglichkeiten (Strom und/oder Gas/Methanol) müssten noch wesentlich grösser ausgelegt werden als hier gerechnet. Wenn Sonnenenergie für die Basisversorgung benutzt würde, dann müsste insbesondere der Variabilität der PV-Stromproduktion Rechnung getragen werden. Dies hätte eine beträchtliche Überdimensionierung der PV-Anlagen zur Folge. Die Dimensionen würden auch in dem Ausmass grösser, in welchem Heizung und

Warmwasserzubereitung nicht auf Geothermie (oder analogen Technologien, die Umweltwärme ausnutzen) umgestellt werden könnten. Möglicherweise würden auch technische und ökonomische Hindernisse einer konsequenten Nutzung solcher Technologien im Weg stehen. **Die benötigten PV-Flächen müssten möglicherweise 1,5-2-mal so gross sein wie hier geschätzt. Dies wären dann 540+ km^2.** Können Sie sich eine PV-Fläche vorstellen, die etwa gleich gross oder noch grösser ist als die gesamte Fläche des Genfersees, des zweitgrössten Sees Mitteleuropas? Wir gelangen allmählich in den Bereich des Fantastischen.

Es ist auch wichtig festzustellen, dass die hier präsentierten Abschätzungen grossenteils auf statistischen Zahlen des Jahres 2019 beruhen (GESt 2019). Die Anzahl von Haushalten und Betrieben, welche Elektrizität, Heizung und Warmwasser benötigen werden im Jahr 2050 sowie die Anzahl von Menschen, welche dann auf Mobilität angewiesen sein werden, werden nicht den heutigen entsprechen. Es darf vermutet werden, dass im Jahr 2050 infolge weiterer Zuwanderung mehr Menschen auf der Strasse/Schiene sein werden und dass eine grössere Anzahl von Haushalten und Betrieben Energie benötigen wird. Vielleicht werden Effizienzgewinne bei elektrisch betriebenen Geräten durch zusätzliche Ansprüche vermindert oder gar neutralisiert.

Zusammenfassend kann gesagt werden, dass eine Umstellung auf eine CO_2-neutrale Energiewirtschaft wahrhaftig eine Herkulesaufgabe wäre. Die Dimensionen eines solchen Umbaus wären derart gewaltig, dass er mit Sicherheit nicht ohne einen konkreten Plan verwirklicht werden könnte, der die Anstrengungen kanalisiert. Ob der notwendige Aufwand über Einkäufe im Ausland vermindert werden könnte, muss fraglich bleiben. Davon auszugehen, dass Elektrizität, PV-Anlagen oder deren Komponenten, biogene Treibstoffe, Holz oder andere Biomasse langfristig importiert werden können, erscheint als unverantwortlich.

6: Dezentrale Produktion und dezentraler Verbrauch von erneuerbarer Energie: Möglichkeiten und Grenzen

In der bisherigen Diskussion habe ich abgeschätzt, welche Mengen von PV-Energie erzeugt werden müssten, um (annähernd) CO_2-Neutralität zu erreichen. Es erscheint als grundsätzlich vernünftig, dezentral produzierten Strom auch dezentral zu verbrauchen. Die Idee dabei ist nicht, dass jedes Gebäude als isolierte Produktions- und Konsumeinheit funktionieren müsste. Verschiedene Gebäude würden sich ja zum Teil drastisch in Stromproduktion und Strombedarf unterscheiden. Die Stromverteilung könnte wie bisher über den Grid erfolgen. Mit dem Ausbau der Photovoltaik und auch der Windenergieproduktion werden die Netzwerkbetreiber zunehmend mit zwei Problemen zu kämpfen haben. Das eine ist, dass sie eine wachsende Zahl von Energieerzeugern managen müssen. Das andere ist, dass die Produktion dieser Energieerzeuger stark fluktuiert. Es wird offenbar daran gedacht, kleinere Grids, sogenannte Microgrids, zu schaffen, welche Gebäude relativ kleinräumig vernetzen. Es wird vielerorts auch am Konzept der sogenannten «autonomous energy grids» (AEG) gearbeitet (https://spectrum.ieee.org/energy/the-smarter-grid/tomorrows-power-grid-will-be-autonomous; Zugriff: 24.02.2021). Diese AEGs sind Netzwerke, die Energieproduktion, Speicherung und Endverbrauch integrieren. Sie gleichen Microgrids, sind aber «smarter» und erlauben ein sekundenschnelles Management von Produktion und Verbrauch.

In diesem Kapitel geht es mir hauptsächlich darum herauszufinden, ob und unter welchen Umständen auf geeigneten Oberflächen von Gebäuden mit Wohnnutzung produzierter PV-Strom die Elektrizitätsversorgung und die Heizung/Warmwasserzubereitung dieser Gebäude abdecken könnte. Konsequenzen für die Energieversorgung der Mobilität und das übrige Energiewesen werden ebenfalls betrachtet.

Ich gehe diese Betrachtung von den Haushalten her an. Gemäss Zahlen des BFS gibt es in der Schweiz $3{,}8 \times 10^6$ Haushalte, in welchen durchschnittlich 2,2 Personen leben. Der Elektrizitätsbedarf eines Haushaltes mit 2-3 Personen wird mit 3'000 – 4'000 kWh pro Jahr beziffert. Unter Benutzung des oberen Wertes von 4'000 kWh pro Haushalt erhalte ich

$3{,}8 \times 10^6$ Haushalte x $4{,}0 \times 10^3$ kWh/Haushalt = $1{,}52 \times 10^{10}$ kWh

für den Elektrizitätsbedarf aller Haushalte. Einen etwas höheren Wert von $1{,}89 \times 10^{10}$ kWh (33,1% der Gesamtelektrizitätsproduktion) habe ich auf «www.strom.ch/de/energiewissen/ stromverbrauch» des Verbandes Schweizerischer Elektrizitätsunternehmen (VSE) gefunden (letzter Zugriff 26.12.2020). Ein ähnlicher Wert (33,4 %) lässt sich in der Schweizerischen Elektrizitätsstatistik 2019 (ESt 2019) finden. Da es die Experten wohl besser wissen als ich, verwende ich deren Angaben. (Das bedeutet auch, dass der Elektrizitätsbedarf eines Haushaltes mit 2-3 Personen nicht bei 3'000 – 4'000 kWh sondern eher bei 5'000 kWh liegt!)

Wenn wir wie oben annehmen, dass aufgrund von Effizienzgewinnen (und einem hoffentlich etwas sparsameren Verhalten der Haushalte) die benötige Elektrizitätsmenge um 50% verringert werden kann, kämen wir auf etwa $0{,}94 \times 10^{10}$ kWh = **9,4 TWh**.

Beim Versuch die Gesamtfläche der für die Photovoltaik geeigneten Oberflächen aller wohngenutzten Gebäude abzuschätzen, habe ich verschiedene statistische Angaben (auch aus verschiedenen Jahren) berücksichtigt. Das BFS veröffentlichte die folgenden Zahlen für 2019 (unter «Allgemeine Übersicht "Gebäude" nach Kantonen 2019»)

Gebäude mit Wohnnutzung	Anzahl
Insgesamt	1'756'927
Reine Wohngebäude	1'476'501
Einfamilienhäuser	1'000'700
Mehrfamilienhäuser	474'801
Wohngebäude mit Nebennutzung	198'289
Gebäude mit teilweiser Wohnnutzung	82'137

Leider wurden keine Angaben zu durchschnittlichen Geschossflächen oder zur Anzahl von Gebäuden in den Industrie- und Dienstleistungssektoren gemacht. Das Fakt Sheet 2014 «Energieverbrauch von Gebäuden» der Konferenz Kantonaler Energiedirektoren geht von einem Gesamtbestand von 2,3 Millionen Gebäuden aus, wovon 1,67 Millionen (72,6%) mit Wohnnutzung (Zahlen 2012). Offenbar die beste detaillierte Gebäudestatistik, die auch Gebäude ohne Wohnnutzung miteinschliesst, stammt aus dem Jahr 1990 (www.energie-gedanken.ch/statistische-zahlen-schweiz; letzter Zugriff: 09/02/2021). Ich benutze diese Statistik, um relative Daten zur Gesamtoberfläche (Geschossfläche) verschiedener Gebäudetypen zu ermitteln unter der Annahme, dass sich die Relationen nicht stark verändert haben:

Gebäudetyp	Brutto Geschossfläche 10^6 m^2	Anzahl Gebäude in % von allen Gebäuden	Relative Geschossfläche 10^6 m^2 x (%)
Industriegebäude	84	4,96	416,6
Dienstleistungsgebäude	127	5,91	750,6
Gemischte Wohngebäude	69	6,71	463,0
Nebengebäude	28	17,62	493,4
Landwirtschaftliche Gebäude	99	21,08	2'086,9
Reine Wohngebäude	265	43,72	11'585,8
Total		100	15'796.3

Anzahl Gebäude: 2'156'400

Relativer Anteil an Geschossflächen von Gebäuden mit Wohnnutzung im Jahr 1990: 79,4 %. Über 68% der Gebäude (1'466'000) waren Gebäude mit Wohnnutzung.

Totale Fläche aller PV-tauglichen Gebäudedächer nach Walch et al. (2020): 267 km^2 (geeignet: 56,4 %): 151 km^2

Totale Fläche aller PV-tauglichen Dächer von Gebäuden mit Wohnnutzung: 151 km^2 x 0,794 = 120 km^2

Totale Fläche aller PV-tauglichen Dächer und Fassaden von Gebäuden mit Wohnnutzung (hochgerechnet anhand der oben erwähnten Schätzung des BFE): 161 km^2

PV-Strom erzeugbar: 1,61 x 10^8 m^2 x 1,50 x 10^2 kWh / m^2 = 2,42 x 10^{10} kWh = **24,2 TWh**.

Bezüglich Heizung und Warmwassererzeugung würde es darum gehen, die für diesen Bereich eingesetzten fossilen Treibstoffe zu ersetzen. Ich gehe vereinfachend davon aus, dass alle bestehenden Gas- oder Ölheizungen mit geothermischen (oder vergleichbaren) Anlagen ersetzt würden. Aus der Gesamtenergiestatistik 2019 des BFE geht hervor, dass Haushalte Erdölbrennstoffe mit einem Energieinhalt von 66'740 TJ (1,85 x 10^{10} kWh) und Gas mit einem Energieinhalt von 47'730 TJ (1,33 x 10^{10} kWh) verbrauchen. (Die Gasmenge, die fürs Kochen gebraucht wird, fällt nicht ins Gewicht.)

Der Massstab für die Energieeffizienz von Wärmepumpen (in geothermische Anlagen) ist ihre Jahresarbeitszahl (JAZ), die das Verhältnis von «Wärmeproduktion» und Stromverbrauch angibt. Bei sehr effizientem Betrieb kann die JAZ etwa 4,5 erreichen.

Wir müssten also etwa

(1,85 x 10^{10} kWh + 1,33 x 10^{10} kWh) / 4,5 = **0,71 x 10^{10} kWh**

Elektrizität aufwenden, um die fossilen Brennstoffe zu ersetzen.

Bis 2050 werden voraussichtlich 30% der bestehenden Gebäude energetisch saniert worden sein (Reduktion des Energieaufwandes um geschätzte 60%). Diese Sanierungen werden im Wesentlichen unabhängig sein vom Typ der installierten Heizanlage. Ich nehme an, dass alle nicht-elektrische Energie (158'140 TJ oder 4,39 x 10^{10} kWh; GESt 2019), die von Haushalten verbraucht wird, für Heizung/Warmwasserzubereitung verwendet wird. Nur 72% dieser Energiemenge wird mit (nicht-erneuerbaren) fossilen Brennstoffen erzeugt. Es werden voraussichtlich also nur 21,6% «relevante» Gebäude saniert und auf Geothermie umgerüstet.

Die PV-Elektrizitätsmenge, die für den Ersatz der fossilen Brennstoffe eingesetzt werden müsste, wäre dann

$0,71 \times 10^{10}$ kWh x 0,78(4) + 0,71 x 10^{10} kWh x 0,21(6) x 0,4 = **0,62 x 10^{10} kWh**.

Die gesamte für Haushaltstromverbrauch und Heizung/Warmwasserzubereitung notwendige Elektrizitätsmenge wäre

$0,94 \times 10^{10}$ kWh + 0,62 x 10^{10} kWh = 1,56 x 10^{10} kWh = **15,6 TWh**.

Diese Energiemenge könnte auf den dafür geeigneten Flächen auf Schweizer Gebäuden mit Wohnnutzung produziert werden (**24,2 TWh**).

Damit haben wir aber die saisonale Natur der Elektrizitätserzeugung mittels Photovoltaik noch nicht miteinbezogen. Im Winterhalbjahr benötigten wir 10,4 TWh, die PV-Anlagen gäben aber (theoretisch) nur 6,5 TWh her. Falls eine effiziente (dezentrale) Speichermöglichkeit für die überschüssige Sommerproduktion gefunden werden könnte, dann könnte das Szenario funktionieren. Könnte die notwendige Elektrizitätsmenge für das Winterhalbjahr mittels Batterien gespeichert werden? Der Wirkungsgrad von Lithiumionenbatterien liegt bei etwa 90% und die Selbstentladung bei etwa 1%/6 Monate.

Speicherung für den Winterverbrauch von Elektrizität in Haushalten:

$0,5 \times E_0 = (0,73 \times E_1 - 0,5 \times E_0) \times 0,90 \times 0,99 + 0,27 \times E_1; E_0 = 0,94 \times 10^{10}$ kWh

$E_1 = (0,5 + 0,5 \times 0,90 \times 0,99) \times E_0 / (0,73 \times 0,90 \times 0,99 + 0,27) = 0,97 \times 10^{10}$ kWh

Benötigte Speicherkapazität: $(0,73 \times E_1 - 0,5 \times E_0) \times 0,95 \times 0,99 = 0,22 \times 10^{10}$ kWh

Speicherung für den Winterverbrauch Heizung/Warmwasser:

$0.925 \times E_0 = (0,73 \times E_1 - 0,075 \times E_0) \times 0,90 \times 0,99 + 0,27 \times E_1; E_0 = 0,62 \times 10^{10}$ kWh

$E_1 = (0,925 + 0,075 \times 0,90 \times 0,99) \times E_0 / (0,73 \times 0,90 \times 0,99 + 0,27) = 0,67 \times 10^{10}$ kWh

Benötigte Speicherkapazität: $(0.73 \times E_1 - 0.075 \times E_0) \times 0.95 \times 0.99 = 0,42 \times 10^{10}$ kWh

Ein durchschnittlicher Haushalt müsste

$(0,22 \times 10^{10}$ kWh + 0,42 x 10^{10} kWh$) / 3.8 \times 10^6$ (Haushalte) = 1,68 x 10^3 kWh Elektrizität speichern. Wenn z.B. Lithium-Eisen-Phosphat Batterien benutzt würden, dann wäre die Masse der benötigten Batterien etwa

$1,68 \times 10^3$ kWh / $9,0 \times 10^{-2}$ kWh/kg (Energiedichte) = $1,87 \times 10^4$ kg = **18,7 Tonnen Batterien (pro Haushalt)**. Das Volumen der Batterien wäre ungefähr 9 m^3 (oder **9'000 Liter**).

Beim heutigen Preis von etwa 100 Franken/kWh wären die Kosten für die Batterien etwa

170'000 Franken / Haushalt.

Für alle Haushalte zusammen würden 71,1 Millionen Tonnen Batterien benötigt. Könnte man Batterien mit einer Kapazität von 6,4 TWh überhaupt kaufen? Die Antwort ist ein klares Nein: die für 2028 erwartete globale Produktionskapazität für Lithiumionenbatterien ist 2 TWh (www.energycentral.com/c/ec/world-battery-production; letzter Zugriff: 26.01.2021).

Die Verwendung von P2G Technologie wäre wahrscheinlich die einzige realistische Möglichkeit, die für das Winterhalbjahr benötigte PV-Energie zu speichern. Ich betrachte in den folgenden Beispielen eine Speicherung von überschüssiger PV-Sommerelektrizität in Form von Wasserstoff.

Vaillant hat eine Brennstoffzelle entwickelt, die eine Gesamtenergieeffizienz von 93% und eine elektrische Effizienz von 33% aufweist (http://www.bine.info/fileadmin/content/ Publikationen/Projekt-Infos/2016/Projekt_10-2016/ProjektInfo_1016_engl_internetx.pdf; letzter Zugriff: 26.01.2012). Ich werde einen Elektrolyseverlust (80%ige Effizienz) und einen zusätzlichen Verlust für die Komprimierung des Wasserstoffs (85%ige Effizienz) berücksichtigen.

E_0: Energiebedarf Haushaltelektrizität: $0,94 \times 10^{10}$ kWh; E_{00}: Energiebedarf Heizung/Warmwasser: $0,62 \times 10^{10}$ kWh; E_{000}: Energiebedarf Heizung/Warmwasser mit allen Gebäuden saniert: $0,28 \times 10^{10}$ kWh; E_1: effektive Elektrizitätsmenge die für den Haushaltbedarf zu produzieren wäre; E_2: effektive Elektrizitätsmenge die für Heizung/Warmwasserzubereitung zu produzieren wäre; E_{20}: wie E_2 aber Abwärme der Brennstoffzelle verwendet; JAZ (Jahresarbeitszahl) = 4,5

Haushaltelektrizität:

$$0,5 \times E_0 = (0,73 \times E_1 - 0,5 \times E_0) \times F_1 + 0,27 \times E_1$$

F_1 = 0,85 (Effizienz H$_2$ Komprimierung) x 0,8 (Elektrolyseeffizienz) x 0,33 (elektrische Effizienz Brennstoffzelle) = 0,22

$$E_1 = (0,5 + 0,5 \times F_1) \times E_0 / (0,73 \times F_1 + 0,27) = \mathbf{1,33 \times 10^{10} \ kWh}$$

Heizungs- und Warmwasserbereich:

$$0{,}925 \times E_{00} \quad = \quad (0{,}73 \times E_2 - 0{,}075 \times E_{00}) \quad \times \quad F_1 \quad + \quad 0{,}27 \times E_2$$

Benötigte Winter PV-Energie	Überschüssige Sommer PV-Energie	Effizienzfaktor	Im Winter erzeugte PV-Energie

Bei der hypothetischen geothermischen Heizanlage produziert 1 kWh eingesetzte elektrische Energie 4.5 kWh thermische Energie (JAZ).

$$4{,}5 \times 0{,}925 \times E_{00} = (0{,}73 \times E_2 - 0{,}075 \times E_{00}) \times 4{,}5 \times F_1 \quad + \quad 0{,}27 \times E_2 \times 4{,}5$$

Benötigte Winter Wärme Energie	Überschüssige Sommer PV-Energie umgewandelt in Wärme Energie	Effizienzfaktor	Im Winter erzeugte PV-Energie umgewandelt in Wärme Energie

Wenn wir annehmen, dass alle an der Brennzelle entstehende thermische Energie (inklusive der Abwärme, welche bei der Erzeugung von Haushaltstrom generiert wird) verwendet wird, dann erhalten wir:

$$4{,}5 \times 0{,}925 \times E_{00} = (0{,}73 \times E_{20} - 0{,}075 \times E_{00}) \times 4{,}5 \times F_1 \quad + \quad 0{,}27 \times E_{20} \times 4{,}5$$

Benötigte Winter Wärme Energie	Überschüssige Sommer PV-Energie umgewandelt in Wärme Energie	Effizienzfaktoren	Im Winter erzeugte PV-Energie umgewandelt in Wärme Energie

$$+ \, (0{,}73 \times E_{20} - 0{,}075 \times E_{00}) \times F_2 \quad + \quad (E_1 \times 0{,}73 - 0{,}5 \times E_0) \times F_2$$

Abwärme der Brennstoffzelle Verwendung Heizung/Warmwasser	Abwärme der Brennstoffzelle Verwendung Produktion von Haushaltelektrizität

$F_2 = 0{,}85$ (Effizienz H_2 Komprimierung) x 0,8 (Elektrolyseeffizienz) x 0,60 (thermische Effizienz Brennstoffzelle) = 0,41

$E_{20} = ((4{,}5 \times 0{,}925 + 0{,}075 \times F_1 \times 4{,}5 + 0{,}075 \times F_2) \times E_{00} - (E_1 \times 0{,}73 - 0{,}5 \times E_0) \times F_2) / (0{,}73 \times F_1 \times 4{,}5 + 0{,}27 \times 4{,}5 + 0{,}73 \times F_2) = \mathbf{1{,}09 \times 10^{10}}$ **kWh**

Der Elektrizitätsbedarf der durch PV abgedeckt werden müsste, wäre also **1,33 x 10^{10} kWh** für den Haushaltstrombereich und **1,09 x 10^{10} kWh** für den Heizungs- und Warmwasserbereich. Der Gesamtenergiebedarf für beide Bereiche wäre **2,42 x 10^{10} kWh = 24,2 TWh**. Dies ist genau so viel wie auf allen geeigneten Flächen von Gebäuden mit Wohnnutzung theoretisch produziert werden könnte (**24,2 TWh**).

Rechnen wir das Ganze nochmals mit einer Brennstoffzelle, die eine elektrische Effizienz von 60% besitzt. In einer ersten Rechnung nehmen wir an, dass die Prozesswärme, welche in der Brennstoffzelle entsteht, nicht genutzt wird.

Haushaltelektrizität:

$0,5 \times E_0 = (0,73 \times E_1 - 0,5 \times E_0) \times F_1 + 0,27 \times E_1$

$F_1 = 0,85$ (Effizienz H_2 Komprimierung) x 0,8 (Elektrolyseeffizienz) x 0,60 (elektrische Effizienz Brennstoffzelle) = 0,41

$E_1 = (0,5 + 0,5 \times F_1) \times E_0 / (0,73 \times F_1 + 0,27) =$ **1,16 x 10^{10} kWh**

Heizungs- und Warmwasserbereich:

$0,925 \times E_{00} = (0,73 \times E_2 - 0,075 \times E_{00}) \times F_1 + 0,27 \times E_2$

$E_2 = (0,925 + 0,075 \times F_1) \times E_{00} / (0,73 \times F_1 + 0,27) =$ **1,04 x 10^{10} kWh**

Der Elektrizitätsbedarf der durch PV abgedeckt werden müsste, wäre **1,16 x 10^{10} kWh**, und der Bedarf für den Heizungs- und Warmwasserbereich **1,04 x 10^{10} kWh**. Der Gesamtenergiebedarf für beide Bereiche wäre also **2,20 x 10^{10} kWh = 22,0 TWh**. Diese Energiemenge ist nur unbedeutend geringer als die Energiemenge, die auf allen Gebäudeflächen theoretisch produziert werden könnte (**24,2 TWh**).

Schauen wir das nochmals an unter der Annahme, dass dieselbe Brennstoffzelle eine 93%-ige Gesamteffizienz besitzt (wie die Vaillant Zelle). Die anfallende thermische Energie würde ebenfalls für Heizung/Warmwasserzubereitung verwendet.

$F_2 = 0,85$ (Effizienz H_2 Komprimierung) x 0,8 (Elektrolyseeffizienz) x 0,33 (thermische Effizienz Brennstoffzelle) = 0,22

$4,5 \times 0,925 \times E_{00} = (0,73 \times E_{20} - 0,075 \times E_{00}) \times F_1 \times 4,5 + 0,27 \times E_{20} \times 4,5 + (0,73 \times E_{20} - 0,075 \times E_{00}) \times F_2 + (0,73 \times E_1 - 0,5 \times E_0) \times F_2$

E_{20} = ((4,5 x 0,925 + 0,075 x F_1 x 4,5 + 0,075 x F_2) x E_{00} - (E_1 x 0,73 – 0,5 x E_0) x F_2) / (0,73 x F_1 x 4,5 + 0,27 x 4,5 + 0,73 x F_2) = **0,95 x 10^{10} kWh**

Der Strombedarf der durch PV abgedeckt werden müsste, wäre **2,11 x 10^{10} kWh = 21,1 TWh**. Diese Energiemenge könnte theoretisch auf den vorhandenen Gebäudeflächen (**24,2 TWh**) produziert werden. Die Rückgewinnung der Prozesswärme hat die aufzuwendende PV-Energiemenge nur relativ geringfügig reduziert.

Bei den oben gerechneten Szenarien würde etwa gerade so viel oder geringfügig weniger Elektrizität benötigt als theoretisch auf allen geeigneten Gebäudeoberflächen produziert werden könnte. In der realen Welt würde das wohl nicht aufgehen. Zunächst einmal muss wieder darauf aufmerksam gemacht werden, dass es sich bei den präsentierten Rechnungen um Abschätzungen handelt. Die wirklichen Zahlen könnten um einiges anders ausfallen. Auch habe ich Verluste, die bei der Speicherung von komprimiertem Wasserstoff entstehen würden nicht einkalkuliert. Obwohl diese Verluste gering sein sollten wie in einer Arbeit von Karsten Müller (Müller (2019)) erwähnt, werden sie nicht Null sein. Ausserdem muss berücksichtigt werden, dass die PV-Stromproduktion vom Wetter abhängig ist und sich nicht an Durchschnittswerte hält. Eine langandauernde Schlechtwetterlage könnte schnell Schwierigkeiten bereiten. Auch wird die Idealvorstellung, dass Heizung/ Warmwasserzubereitung überall mittels geothermischer oder analoger Anlagen erfolgt, nicht vollständig umsetzbar sein. Um eine akzeptable Versorgungssicherheit zu erreichen, müsste man mit einer Strommenge auskommen können, die wesentlich kleiner ist als die Menge, die theoretisch produziert werden könnte.

Könnte diese Reduktion mit der Gesamtsanierung aller Gebäude erreicht werden?

Wenn alle fossil-beheizten Gebäude gesamtsaniert wären, dann kämen wir fürs Heizen/Warmwasser auf einen geschätzten Energiebedarf (oder besser, zusätzlichen Energiebedarf) von

0,71 x 10^{10} kWh x 0,4 = 0,28 x 10^{10} kWh (E_{000}).

Rechnen wir wieder mit einer Brennstoffzelle mit einer elektrischen Effizienz von 60% und einer Gesamteffizienz von 93%:

F_1 = 0.9 (Effizienz H_2 Komprimierung) x 0.8 (Elektrolyseeffizienz) x 0.60 (elektrische Effizienz Brennstoffzelle) = 0.41

F_2 = 0.9 (Effizienz H_2 Komprimierung) x 0.8 (Elektrolyseeffizienz) x 0.33 (thermische Effizienz Brennstoffzelle) = 0.22

E_{000}: Energiebedarf Heizung/Warmwasser mit allen Gebäuden saniert: $0{,}28 \times 10^{10}$ kWh; $E_1 = 1{,}16 \times 10^{10}$ kWh; $E_0 = 0{,}94 \times 10^{10}$ kWh.

$4.5 \times 0{,}925 \times E_{000} = (0{,}73 \times E_{20} - 0{,}075 \times E_{000}) \times F_1 \times 4{,}5 + 0{,}27 \times E_{20} \times 4{,}5 + (0{,}73 \times E_{20} - 0{,}075 \times E_{000}) \times F_2 + (E_1 \times 0{,}73 - 0{,}5 \times E_0) \times F_2$

$E_{20} = ((4{,}5 \times 0{,}925 + 0{,}075 \times F_1 \times 4{,}5 + 0{,}075 \times F_2) \times E_{000} - (E_1 \times 0{,}73 - 0{,}5 \times E_0) \times F_2) / (0{,}73 \times F_1 \times 4{,}5 + 0{,}27 \times 4.5 + 0{,}73 \times F_2) = \mathbf{0{,}41 \times 10^{10}}$ **kWh**

Durch PV abzudecken wären **$1{,}16 \times 10^{10}$ kWh** für den Elektrizitätsbereich und **$0{,}41 \times 10^{10}$ kWh** für den Heizungs- und Warmwasserbereich. Der Gesamtenergiebedarf für beide Bereiche wäre also **$1{,}57 \times 10^{10}$ kWh = 15,7 TWh**. Dies entspricht etwas weniger als zwei Dritteln der PV-Energiemenge die auf Gebäudeoberflächen (**24,2 TWh**) erzeugt werden könnte. Diese Sicherheitsmarge könnte genügen.

Könnte der Wasserstoff fürs Winterhalbjahr überhaupt dezentral gespeichert werden? Die obigen Szenarios sahen vor, dass Wasserstoff in komprimierter Form gelagert wird. Im letzten Szenario müsste für das Winterhalbjahr Wasserstoff mit einem Energieinhalt von

$(0{,}73 \times E_1 - 0{,}5 \times E_0) \times 0{,}85$ (Effizienz H_2 Komprimierung) $\times 0{,}8$ (Elektrolyseeffizienz) $=$

$(0{,}73 \times 1{,}16 \times 10^{10}$ kWh $- 0{,}5 \times 0{,}94 \times 10^{10}$ kWh$) \times 0{,}85 \times 0{,}8 = 0{,}26 \times 10^{10}$ kWh

für die Haushaltelektrizität, und

$(0{,}73 \times E_{20} - 0{,}075 \times E_{000}) \times 0{,}85$ (Effizienz H_2 Komprimierung) $\times 0{,}8$ (Elektrolyseeffizienz) $=$

$(0{,}73 \times 0{,}41 \times 10^{10}$ kWh $- 0{,}075 \times 0{,}28 \times 10^{10}$ kWh$) \times 0{,}85 \times 0{,}8 = 0{,}19 \times 10^{10}$ kWh

für Heizung und Warmwasser gespeichert werden. Wasserstoff bei 700 Bar hat eine Energiedichte von 1332 kWh/m^3 (33.3 kWh / kg $\times$ 40 kg / m^3). Das zu speichernde Volumen wäre

$0{,}45 \times 10^{10}$ kWh / $1{,}33 \times 10^{3}$ kWh / m^3 = $3{,}38 \times 10^{6}$ m^3.

Pro Haushalt: $3{,}38 \times 10^{6}$ m^3 / $3{,}8 \times 10^{6}$ (Haushalte) = $0{,}89$ m^3 = **890 Liter pro Haushalt**.

Dies scheint ein kleiner Lichtblick zu sein: wenigstens vom Volumen her sollte die dezentrale Speicherung einer adäquaten Menge von komprimiertem Wasserstoff machbar sein.

Könnte die PV-Energiemenge, welche auf allen Gebäudeoberflächen (inklusive Gebäude mit industrieller, Dienstleistungs- und landwirtschaftlicher Nutzung) produziert werden kann, ausreichen, um Gebäude mit Wohnnutzung mit Elektrizität zu versorgen und gleichzeitig alle beheizbaren Gebäude mit erneuerbarer Energie zu beheizen?

Die Mengen an fossiler Energie, die die Industrie und der Dienstleistungssektor verbrauchen, sind bekannt (GESt 2019):

Industrie: 52'240 TJ (exklusive Kohle)

Dienstleistungssektor: 56'020 TJ

Praktisch alle fossile Energie wird im Dienstleistungssektor für Heizung und Warmwasserherstellung eingesetzt. Für die Industrie sieht das anders aus. Gemäss der «Analyse des Schweizerischen Energieverbrauchs 2000-2019 nach Verwendungszwecken» des BFE (heruntergeladen am 30.04.2021) wurden im Jahr 2019 Brennstoffe mit einem Energieinhalt von 16'400 TJ für Raumwärme und Warmwasser aufgewendet (davon 7'390 TJ Fernwärme). Ich nehme an, dass es sich bei den übrigen Brennstoffen hauptsächlich um Erdgas und Heizöl handelte.

Insgesamt wurde also eine fossile Energiemenge von 65'030 TJ oder $1{,}81 \times 10^{10}$ kWh für Heizung und Warmwasserzubereitung verbraucht.

Die weiteren Annahmen, die für den Haushaltsektor gemacht wurden, sollen auch für die anderen Sektoren gelten:

alle Gebäude sind energetisch saniert;

Heizung/Warmwasserzubereitung erfolgt mittels geothermischer (oder ähnlich-artigen) Anlagen;

überschüssiger PV-Sommerstrom wird in Form von Wasserstoff gespeichert; und

Brennstoffzellen mit einer Gesamteffizienz von 93% und einer elektrischen Effizienz von 60% werden benutzt.

Der Energiebedarf für Raumwärme/Warmwasser im Dienstleistungssektor und der Industrie wäre somit

$1{,}81 \times 10^{10}$ kWh x 0.4 (Verminderung des Aufwandes durch Sanierung) / 4.5 (JAZ; Benutzung geothermischer oder analoger Anlagen) = $0{,}16 \times 10^{10}$ kWh.

E_0: Energiebedarf Haushaltelektrizität: 0,94 x 10^{10} kWh; E_{000}: Energiebedarf Heizung/Warmwasser mit allen beheizbaren Gebäuden saniert: 0,16 x 10^{10} kWh + 0,28 x 10^{10} kWh = 0,44 x 10^{10} kWh; E_1: effektive Strommenge die für den Haushaltbedarf produziert werden müsste: 1,16 x 10^{10} kWh; E_2: effektiv zu produzierende Elektrizitätsmenge für Heizung/Warmwasserzubereitung; E_{20}: wie E_2 aber Abwärme der Brennstoffzelle verwendet; JAZ (Jahresarbreitszahl) = 4,5

F_1 = 0,85 (Effizienz H_2 Komprimierung) x 0,8 (Elektrolyseeffizienz) x 0,60 (elektrische Effizienz Brennstoffzelle) = 0,41

F_2 = 0,85 (Effizienz H_2 Komprimierung) x 0,8 (Elektrolyseeffizienz) x 0,33 (thermische Effizienz Brennstoffzelle) = 0,22

4,5 x 0,925 x E_{000} = (0,73 x E_{20} − 0,075 x E_{000}) x F_1 x 4,5 + 0,27 x E_{20} x 4,5 + (0,73 x E_{20} − 0,075 x E_{000}) x F_2 + (E_1 x 0,73 − 0,5 x E_0) x F_2

E_{20} = ((4,5 x 0,925 + 0,075 x F_1 x 4,5 + 0,075 x F_2) x E_{000} - (E_1 x 0,73 − 0,5 x E_0) x F_2) / (0,73 x F_1 x 4,5 + 0,27 x 4,5 + 0,73 x F_2) = **0,67 x 10^{10} kWh**

Der Elektrizitätsbedarf der Gebäude mit Wohnnutzung der durch PV abgedeckt werden müsste, wäre **1,16 x 10^{10} kWh**, und der Bedarf für den Heizungs- und Warmwasserbereich aller beheizbaren Gebäude wäre **0,67 x 10^{10} kWh**. Der Gesamtenergiebedarf für beide Bereiche wäre **1,83 x 10^{10} kWh = 18,3 TWh**. Diese Energiemenge sollte verlässlich auf den geeigneten Gebäudeoberflächen produziert werden können (**30,3 TWh**).

Wieviel schlechter würden die Resultate aussehen, wenn die Effizienz der Wärmepumpen in den geothermischen Anlagen geringer wäre als angenommen. Verringern wir die Jahresarbeitszahl von 4,5 auf 3,5. Der Wert für E_{000} wäre dann 0,21 x 10^{10} kWh + 0,36 x 10^{10} kWh = 0,57 x 10^{10} kWh.

3,5 x 0,925 x E_{000} = (0,73 x E_{20} − 0,075 x E_{000}) x F_1 x 3,5 + 0,27 x E_{20} x 3,5 + (0,73 x E_{20} − 0,075 x E_{000}) x F_2 + (E_1 x 0,73 − 0,5 x E_0) x F_2

E_{20} = ((3,5 x 0,925 + 0,075 x F_1 x 3,5 + 0,075 x F_2) x E_{000} - (E_1 x 0,73 − 0,5 x E_0) x F_2) / (0,73 x F_1 x 3,5 + 0,27 x 3,5 + 0,73 x F_2) = **0,85 x 10^{10} kWh**

Der mit PV abzudeckende Strombedarf wäre **20,1 TWh**. Theoretisch produziert werden könnten **30.3 TWh**. Auch dieses Szenario sollte noch aufgehen.

Die PV-Elektrizität, die für die Mobilität benötigt würde, könnte nicht auf Gebäudeoberflächen produziert werden. Es müssten PV-Parks gebaut werden, um diese Energiemenge zu erzeugen. Der vorgesehene bescheidene Ausbau von Speicherkraftwerken würde keine rein elektrisch betriebene Mobilität erlauben. Da die Lagerung von Wasserstoff in der benötigten Grössenordnung viel zu aufwendig (und möglicherweise technisch nicht machbar) wäre, nehme ich an, dass die Mobilität z.T. mit Methanol betrieben würde. Methanol würde mittels Brennstoffzellen in elektrische Energie umgewandelt, mit welcher elektrisch motorisierte Fahrzeuge angetrieben würden.

Wie im letzten Kapitel besprochen, bestünde für diese Motorisierung ein Elektrizitätsbedarf von $2,13 \times 10^{10}$ kWh. Die PV-Fläche, die für die Produktion dieser Energiemenge zur Verfügung stehen müsste, wäre

$2,13 \times 10^{10}$ kWh / $1,5 \times 10^2$ m^2 / kWh = $1,42 \times 10^8$ m^2 = 142 km^2. Zur Gewährleistung einer gewissen Versorgungssicherheit müsste wohl mit einer PV-Fläche von über 210 km^2 gerechnet werden.

Die riesigen und fluktuierenden Strommengen, die von solchen PV-Parks produziert würden, wären möglicherweise nicht zu beherrschen. Deshalb würde vielleicht eine reine Methanol-basierte Mobilität bevorzugt. Methanol würde zentral produziert, und der dafür aufgewendete Strom würde nicht in den Grid gelangen. Die erforderliche Energiemenge wäre

$1,69 \times 10^{10}$ kWh / 0,48 (round trip efficiency Brennstoffzellen) x 0,8 (Effizienz Umwandlung H_2 zu CH_3OH) = $4,40 \times 10^{10}$ kWh,

und die dafür benötigte PV-Modulenfläche wäre

$4,40 \times 10^{10}$ kWh / $1,5 \times 10^2$ kWh / m^2 = 293 km^2, mit Sicherheitsmarge wohl über 439 km^2.

Es wäre notwendig, industrielle Kombinate zu erstellen, welche riesige PV-Anlagen, Elektrolyse Anlagen, Methanol Produktionsanlagen und Holzkraftwerke (oder andere CO_2 Lieferanten) kombinierten.

6.1. Fazit

Mit der Gesamtsanierung aller Gebäude, Effizienzgewinnen bei elektrischen Anlagen (Beleuchtung, Haustechnik, Geräten, usw.), der konsequenten Nutzung von Geothermie für die Wärmeerzeugung und der Verwendung von hoch-effizienten Brennstoffzellen wäre es rechnerisch möglich, die Energiemengen, die notwendig wären für die elektrische Versorgung der Haushalte sowie den Heiz- und Warmwasserbedarf dezentral auf Gebäudeoberflächen mittels Photovoltaik zu produzieren. Es dürfte sogar möglich sein, alle Gebäude der Industrie sowie des Dienstleistungssektors mit Raumwärme und Warmwasser zu versorgen. Schwankungen in der Elektrizitätsproduktion sowie im Verbrauch würden mittels Batterien ausgeglichen. Überschüssiger Strom würde zur Herstellung von Wasserstoff verwendet, welcher komprimiert und lokal gespeichert würde. Dieser Wasserstoff würde im Winterhalbjahr mittels Brennstoffzellen in Strom zurückverwandelt. Da sowohl Stromproduktion als auch Verbrauch in Einfamilienhäusern, Mehrfamilienhäusern, Bürogebäuden, Gebäuden mit Geschäften, Industriegebäuden, usw. unterschiedlich sein würden, wäre es notwendig, dezentrale Microgrids oder AEGs zu installieren. Solche Netze könnten von Gemeinden und Städten im Laufe von Unterhaltsarbeiten an Strassen angelegt werden. Die Netze wären (an einem Punkt) mit dem Grid verbunden, würden aber im Wesentlichen unabhängig betrieben werden.

Mehrere Schwierigkeiten müssten bei der Verwirklichung eines solchen Konzeptes überwunden werden. Eine solche Schwierigkeit betrifft die Versorgungssicherheit. In den vorteilhafteren Szenarien betrug der voraussichtliche Verbrauch von Strom etwas weniger als zwei Drittel (66,6%) der zu erwartenden Produktion. Aus dem Schlussbericht vom 25.01.2021 der «Studie Winterstrom Schweiz – Was kann die heimische Photovoltaik beitragen» (BFE) konnte ich herauslesen, dass, basierend auf Einstrahlwerten der Jahre 2004-2018, die geringst mögliche PV- Stromstromproduktion (schlechteste monatliche Produktionswerte summiert – ein Szenario das wohl noch nie vorgekommen ist) etwa 79,6% der Normalproduktion (Medianwerte summiert) betragen dürfte. Die Versorgungssicherheit sollte also normalerweise gewährleistet sein. Für aussergewöhnliche Situationen sollte es aber dennoch ein Auffangszenario geben. Die geplante Windenergieproduktion von etwa 5.1 TWh könnte uns da etwas behilflich sein, sollten die entsprechenden Anlagen tatsächlich gebaut werden. Eine zusätzliche Vergrösserung der PV-Parks (die benötigt würden um Strom für die Mobilität zu generieren) müsste ins Auge gefasst werden.

Die Lagerung von Wasserstoff ist heute noch ein weitgehend ungelöstes Problem. Es ist noch unklar, ob Wasserstoff am besten komprimiert oder als Flüssigkeit gelagert werden soll oder ob andere Speichermöglichkeiten (Absorption, Metallhydride, oder «chemische» Hydride) möglicherweise vorteilhafter wären (Andersson und Grönkvist (2019)). Selbst die einfachste Möglichkeit, nämlich die Speicherung unter einem Druck von 700 Bar, ist keineswegs ausgereift. Kleine Tanks aus Verbundmaterial konnten zwar für die Verwendung in Fahrzeugen entwickelt werden, aber grössere stationäre Tanks gibt es noch nicht (Rivard et al. (2019)). Bei der Abschätzung des Volumens des zu speichernden Wasserstoffs kam ich auf etwas weniger als einen Kubikmeter pro Haushalt (bei 700 Bar). Die Herstellung sowie der Verbau solcher Tanks, insbesondere für Mehrfamilienhäuser wäre keine triviale Angelegenheit. Auch bei Brennstoffzellen und Elektrolyse Anlagen (PEM) besteht noch ein beträchtlicher Entwicklungsbedarf. So verwenden sowohl Brennstoffzellen als auch PEM Elektrolyseanlagen das seltene (so selten wie Gold) und teure Übergangsmetall Platin (Elektroden). Anstrengungen sind im Gange, Platin etwa durch leitfähige Kunststoffe zu ersetzen (https://www.weltderphysik.de/gebiet/technik/news/2008/brennstoffzellen-ohne-platin-halten-laenger/; Zugriff: 05.05.2021). Allerdings ist dies noch Zukunftsmusik. Schliesslich sollte auch erwähnt werden, dass Fragen zur Sicherheit der Nutzung von Wasserstoff im Immobilien- und Haushaltbereich noch weitgehend ungeklärt sind.

Meine Rechnungen gehen davon aus, dass Heizung und Warmwasserzubereitung weitgehendst mittels geothermischer oder analoger Anlagen erfolgen würden. Auch machte ich die Annahmen, dass alle verfügbaren Gebäudeoberflächen mit Photovoltaik bestückt und alle Gebäude energetisch saniert sein werden. Wenn die Photovoltaik nicht vollständig ausgebaut würde, wenn eine beträchtliche Anzahl von Gebäuden nicht energiesparend mit Geothermie oder analogen Anlagen* beheizt würde oder wenn es mit der Gebäudesanierung nicht wesentlich rassiger voranginge als heute, dann würden die Rechnungen nicht aufgehen. Eine zentrale Frage wäre deshalb wie man eine quasi vollständige Umsetzung dieser Aus- und Umbauvorhaben erzielen könnte. Dabei geht es nicht nur darum, die Menschen vom Projekt zu überzeugen, sondern auch um die industriellen Kapazitäten, die verfügbar sein müssten. Wie erwähnt muss befürchtet werden, dass eine Grosszahl der benötigten PV-Anlagen inklusive PV-Module, kompakten Elektrolyseanlagen, Brennstoffzellen, Kompressoren und Tanks aus Verbundmaterial im Inland hergestellt werden müsste. Die Kapazitäten dafür sind mit Sicherheit nicht vorhanden. Auch wären die gewerblichen Betriebe und die Baubetriebe, so wie sie zurzeit aufgestellt sind, wohl nicht annähernd in der Lage, die erforderlichen baulichen Massnahmen durchzuführen, nämlich die energetische Sanierung von weit mehr als einer Million Gebäude, der Einbau (in diese Gebäude) von geothermischen oder analogen Wärmeanlagen, die flächendeckende Installation von Photovoltaikanlagen, die Installation der P2G Technologie sowie Erdarbeiten für die Wasserstoffspeicherung. Auch wenn die industriellen Kapazitäten zeitgerecht aufgebaut werden könnten, ist nicht zu vernachlässigen, dass gewaltige Energiemengen in den Umbau gesteckt werden müssten. Wie in diesem Kapital abgeschätzt, würde allein schon die Produktion der benötigten PV-Module mehr als die Gesamtenergiemenge verschlingen, die die Schweiz in einem Jahr verbraucht. Es darf vermutet werden, dass wir keinen sich absenkenden Energiepfad vor uns haben würden, ausser wenn wir weiterhin nur wenig unternähmen.

Es ist seit einiger Zeit bekannt, dass die konsequente Umsetzung der Geothermie in den grösseren Städten an Grenzen stossen wird. Ein dichtes Netz von geothermischen Anlagen resultiert in Interferenzphänomenen, d.h., der Untergrund kühlt sich ab und die Effizienz auch benachbarter Anlagen sinkt. Es wird also nicht ohne weiteres möglich sein, die notwendige Anzahl von individuellen Anlagen zu installieren, die für die Versorgung mit Raumwärme und Warmwasser benötigt würden. Dieses Problem sollte sich nicht stellen in den meisten suburbanen Regionen und den ländlichen Regionen (Walch et al. (2021)). Das Geothermie Potential der grösseren Stätte könnte durch Regeneration der Geothermie Bohrfelder erhöht werden. Dabei würde Wärme aus verschiedensten Quellen inklusive Abwärme in den Boden zurückgeführt während den Sommermonaten. Grössere Anlagen mit 100% Wärmerückführung könnten erstellt werden. Andere Wärmequellen könnten genutzt werden. Städte eignen sich ideal für Fernbeheizung. Nicht zufällig befinden sich die meisten grösseren Städte an Seen und grossen Flüssen. Dies böte die Möglichkeit, thermische Energie dieser Seen und Flüsse anstelle von Erdwärme zu nutzen. Eine Studie der Eidgenössischen Anstalt für Wasserversorgung, Abwasserreinigung und Gewässerschutz (Eawag) zeigte auf, dass das thermische Potential von Gewässern in der unmittelbaren Nähe von grösseren Städten in der Regel höher ist als die Nachfrage für Heizung und Warmwasserzubereitung (Gaudard et al. (2018)). In der Region Zürich würde es knapp werden. Dennoch könnte die Nutzung von thermischer Energie aus dem See einen wichtigen Beitrag leisten.

Wenn die auf PV-Energie basierende Elektrizitätsversorgung der Haushalte und die Erzeugung vom Raumwärme und Warmwasser in allen nicht-landwirtschaftlichen Gebäuden sichergestellt werden könnte, wie in diesem Kapitel besprochen, dann könnte der Verbrauch von fossilen Brennstoffen (Erdölbrennstoffe und Gas) von 227'510 TJ auf etwa 43'230 TJ, also um über 80%, gesenkt werden. Die verbleibenden Mengen werden im Wesentlichen von der Industrie verbraucht, ein Grossteil davon zur Erzeugung von Prozesswärme. Es darf angenommen werden, dass Prozesswärme oftmals auch elektrisch generiert werden könnte (and wo nicht möglich allenfalls auf andere Prozesse ausgewichen werden könnte). Dies würde allerdings den Elektrizitätsbedarf erhöhen. Ohne Kernkraft und fossil erzeugte Elektrizität und unter Abzug der heute vom Verkehr verbrauchten Strommenge würden der Industrie und dem Dienstleistungssektor etwa 55% der heute verbrauchten Elektrizität zur Verfügung stehen. Ihr gegenwärtiger Anteil ist 57%. Möglicherweise könnten die Effizienzgewinne, die insbesondere wie im Haushaltsektor auch im Dienstleistungssektor zu erwarten wären, einen erhöhten Elektrizitätsbedarf für die Herstellung von Prozesswärme grossenteils kompensieren. Wo ein Ersatz von fossilen Brennstoffen nicht möglich ist, müsste das generierte CO_2 eingefangen und gelagert werden.

Der für eine elektrisch motorisierte Mobilität benötigte PV-Strom könnte nicht auf Gebäudeoberflächen produziert werden. Es müssten also PV-Parks gebaut werden. Um die geringere PV-Stromerzeugung im Winterhalbjahr zu kompensieren, müsste Sommerstrom gespeichert werden. In Ermangelung anderer Möglichkeiten, müsste die Speicherung mittels P2G Technologien erfolgen. Ich glaube, dass sich Wasserstoff als Treibstoff nicht empfehlen würde. Eine komplett neue Transport-, Lagerungs- und Verteilinfrastruktur müsste aufgebaut werden. Methanol würde sich wesentlich besser eignen, da es bei Raumtemperatur flüssig ist. Teile der bestehenden Strukturen (Tankstellen, Pflichtlager, Gasleitungen, usw.) könnten für Transport, Lagerung und Verteilung verwendet werden. Die PV-Fläche, die rein theoretisch notwendig wäre (keine Absicherung für ungünstige meteorologische Verhältnisse), um eine Mobilität im heutigen Rahmen zu ermöglichen, wäre <u>etwa 142 km^2 gross</u>. Diese Zahl gälte für eine Mobilität, die hauptsächlich elektrisch betrieben würde und auf Methanol zurückgreifen würde, um die niedrigere PV-Stromproduktion im Winter zu kompensieren. Falls aus technischen Gründen die Mobilität vollständig mit Methanol betrieben werden müsste, dann wäre die Gesamtfläche der benötigten PV-Parks <u>293 km^2</u>. Diese Fläche würde nur theoretisch ausreichen. Um die Versorgung abzusichern, müsste diese Fläche <u>noch geschätzt 1,5-2-mal grösser</u> sein. Die Dimensionen dieser PV-Parks wären ungeheuerlich. Zudem müssten gigantische Elektrolyse Anlagen und Anlagen für die Methanol Herstellung erstellt werden. Die Versorgung der Mobilität wird wahrscheinlich unser grösstes Problem sein. Der Personen- und Güterverkehr auf der Strasse müsste drastisch reduziert werden.

Dass dies möglich wäre, sollte einem jeden klar sein. Der Freizeitverkehr verantwortet 44% der im Personenverkehr gefahrenen km. Wieso müssen wir durch das ganze Land reisen, um ein Konzert zu besuchen? Weshalb müssen wir jedes Wochenende 200 km weit fahren, um in unserem Ferienhaus übernachten zu können? Wieso müssen wir 50 km fahren, um unsere Tochter zur Universität zu bringen? Weshalb müssen wir 25 km fahren, um in einem Migros in der nächsten Ortschaft einkaufen zu gehen, bloss weil der uns ein bisschen besser passt als unser Laden, oder dort die Parkgarage gratis ist? Weshalb müssen wir überhaupt mit dem Auto zum Migros fahren, wenn es ohne grosse Anstrengung mit dem Velo zu machen wäre? Auch im Dienstleistungssektor gäbe es unzählige Sparmöglichkeiten. Wieso muss ein Unternehmen aus dem Thurgau in einer Genfer Liegenschaft die Balkonböden renovieren? Wieso repariert ein Sanitär aus Genf eine Heizung in Lausanne? Weshalb sucht sich jemand eine Wohnung, die 100 km von seinem Arbeitsort entfernt ist, obwohl sich eine Wohnung um die Ecke anböte? Weil er 200 Franken weniger für die Miete ausgeben will, oder weil er sich gestresst fühlen würde, in unmittelbarer Nähe des Büros zu wohnen? Oder, wieso muss ein Unternehmen wie die Migros unzählige Fahrten zu Zulieferern und Filialen unternehmen, um selbst in der kleinsten Filiale ein Sortiment von Tausenden von Artikeln anbieten zu können?

Ich zweifle keinen Moment daran, dass sich bei etwas bescheideneren Ansprüchen oder etwas mehr Vernunft die gefahrenen km halbieren liessen. Das andere betrifft die Fahrzeuge. Wieso können wir uns nicht in einem Auto mit der halben Leistung fortbewegen? Wieso glauben wir ökologisch zu sein, wenn wir unseren Mittelklassewagen mit einem elektrischen Monstertruck ersetzen? Der Energieaufwand liesse sich halbieren. Auf diese Weise würden aus 200 km^2 PV-Fläche 50 km^2. Man müsste nur wollen, und die Behörden sollten versuchen, gut überlegte Anreize zu schaffen. Eine 95 g CO_2 / km Limite für Neuwagen (wie im abgelehnten neuen CO_2-Gesetz vorgesehen) ohne wirksamen Anreiz, auf den Kauf eines gigantischen SUVs oder eines elektrischen Monstertrucks zu verzichten, qualifiziert definitiv nicht.

In den in diesem Kapitel beschriebenen Szenarien fände die Produktion und der Verbrauch von Energie in Gebäuden (Gebäudeelektrizität, Heizung und Warmwasserzubereitung) im Wesentlichen unabhängig vom Elektrizitätsnetz statt. Bei einer reinen Methanol Mobilität könnte die Treibstoffherstellung ebenfalls autonom erfolgen. Ein massiver Ausbau des Elektrizitätsgrids wäre wahrscheinlich nicht zentral. Hingegen müssten Microgrids oder AEGs geschaffen werden zur kleinteiligen Vernetzung von Gebäuden.

Sollten Sie einen Rechenfehler entdeckt haben, dann wäre ich dankbar für Ihre Rückmeldung auf rvoellmy@hsfpharma.com.

7. Strom aus dem Ausland – Noch weniger Souveränität

Wie schon erwähnt wäre eine Energiestrategie, die auf dem Import von grösseren Elektrizitätsmengen beruhte, äusserst gewagt. Wir können heute noch nicht wissen, ob die benötigten Energiemengen überhaupt einzukaufen wären. Ausserdem würden sich zwei unangenehme Probleme stellen.

7.1. Das erste Problem

Auch wenn das gerne kaschiert wird, die EU ist seit vielen Jahren nicht mehr daran interessiert, den bilateralen Weg mit der Schweiz weiterzuführen. Sie pocht seit langem auf den Abschluss eines Rahmenabkommens, welches die sogenannte dynamische Übernahme von EU-Recht in allen Binnenmarkt-relevanten Belangen zementieren soll. Um welche Belange es sich dabei handelt, bestimmt die EU. Uber die Einhaltung des EU-Rechts wacht in letzter Instanz der EuGH. Die EU hat sich seit Jahren auf den Standpunkt gestellt, dass neue Abkommen nur nach Ratifikation eines Rahmenabkommens abgeschlossen werden können. Beruhte unsere

Energiestrategie auf dem Import von grossen Strommengen, dann wären wir auf ein Stromabkommen angewiesen und wären deshalb gezwungen, vorgängig ein Rahmenabkommen zu akzeptieren. Mit anderen Worten, wir würden einen vermeintlich angenehmeren Weg zu einer Art CO_2-Neutralität mit erheblichen Souveränitätsverlusten erkaufen. Je nachdem wie sich die Europäische Energieversorgungslage entwickelt, könnten wir möglicherweise einen Teil unserer Souveränität ohne irgendeine Gegenleistung aufgegeben haben.

7.2. Das zweite Problem

Wenn unsere Strategie auf den regelmässigen Einkauf von grossen Strommengen aus EU-Ländern setzte, dann würden wir uns vom Wohlwollen der Herkunftsstaaten abhängig machen. Je nach Marktlage könnten die Strompreise kurzfristig oder längerfristig stark ansteigen. Da wir sehr viel mehr Strom importieren als exportieren würden, wären wir solchen Preisentwicklungen voll ausgesetzt. Wir könnten so beträchtliche wirtschaftliche Schäden erleiden. Ausserdem hätten uns die Staaten im zentraleuropäischen Verbund und damit auch die EU in der Hand. Mit etwas Fantasie kann man sich Horrorszenarien vorstellen. Könnten z.B. Ausgleichszahlungen eingefordert werden mit der Begründung, dass wir die zentraleuropäische Energiewirtschaft einseitig belasteten? Könnten wir möglicherweise sogar vom zentraleuropäischen Verbundsystem abgekoppelt werden? Falls unsere Mobilität und Wärmeerzeugung von importiertem Strom abhingen, müssten wir im Konfliktfall wieder mit dem Velo ins Büro fahren. Im Winter wäre es zuhause ziemlich ungemütlich. Dieses Gefahrenpotential wäre auch vorhanden, wenn unsere hauptsächlichen ausländischen Stromlieferanten Schweizer Unternehmen wären. Die Mitgliedstaaten des Stromverbundes oder die EU werden die Regeln machen oder dominieren. Verträge können auch gebrochen werden.

8. Politik und Gesetzgebung in der Schweiz

Es wird viel geredet und geschrieben in der Schweiz. Verbände und Politiker bearbeiten das Thema der CO_2-Neutralität unablässig. Niemand scheut sich davor etwas beizutragen. Da gibt es Banker, die Aufsätze zum Thema schreiben. Politiker, unter ihnen solche die von Haus aus Rechtsanwälte, Ökonomen, Historiker, ewige Studenten oder Umwelthistoriker sind, dominieren die politische Diskussion. Einige schreiben sogar Bücher. Das BFE publiziert Studien in regelmässigen Abständen. Verschiedene Umweltbewegungen, die hauptsächlich junge Menschen mobilisieren, führen Kundgebungen aller Art durch. Die Klimastreik Schweiz Bewegung und die Grünen haben kürzlich ihren Klimaaktionsplan bzw. ihren Klimaplan veröffentlicht. Allen gemeinsam scheint das Endziel zu sein, nämlich dass auf irgendeine Art und Weise die CO_2-Neutralität (oder wenigstens eine signifikante Reduktion des Treibhausgasausstosses) erreicht wird.

Was passiert konkret? Seit 2010 läuft das Gebäudeprogramm des Bundes und der Kantone. Das Programm teilsubventioniert die Sanierung von Gebäuden und Heizungen, zurzeit mit einem jährlichen Bundesbeitrag von 450 Millionen Franken. Trotz dieses Programms geht die Sanierung von Gebäuden nur langsam voran: ohne zusätzliche Beschleunigung wird die Gesamterneuerung des Gebäudeparks 100 Jahre dauern. Auch werden nicht einmal alle verfügbaren Fördergelder abgeholt. Man kann nur vermuten, weshalb es so langsam vorwärts geht. Gesamtsanierungen von Gebäuden sind kostspielig. Es geht dabei oft um Zehntausende oder Hunderttausende von Franken (s. nächstes Kapitel). Förderbeiträge können bei Entscheidungsfindungen dieser Grössenordnung naturgemäss nur eine untergeordnete Rolle spielen. Zudem wird über Investitionsbeiträge der Bau oder Ausbau von photovoltaischen Anlagen, Wasserkraftanlagen und Biomasseanlagen gefördert.

Nach der Katastrophe von Fukushima von 2011 beschloss der Bundesrat mit Unterstützung des Parlaments, den Bau von neuen Kernkraftwerken zu verunmöglichen. Dieses Verbot fand Eingang ins Energiegesetz von 2016 (im Art.12a des Kernenergiegesetzes).

Das Energiegesetz von 2016 ist eine wichtige gesetzliche Grundlage für den Umbau des Energiewesens. Im Jahr 2019 war der Elektrizitätsverbrauch 57.2 TWh. Davon kamen **32.3 TWh** von der Wasserkraft. Art.2 gibt vor, dass die Produktion von Elektrizität aus Wasserkraft bis im Jahr 2035 auf **37.4 TWh** erhöht werden soll. Die Elektrizitätsproduktion aus erneuerbaren Energien soll zwischen 2020 und 2035 um **7 TWh** steigen. Verglichen mit dem voraussichtlichen Bedarf im Jahr 2050 sind dies sehr bescheidene Vorgaben. Wesentlich happiger sind die Vorgaben für den pro Kopf Verbrauch. Gemäss Art.3 soll der Energieverbrauch bis 2035 um 43% und der Elektrizitätsverbrach um 13% gesenkt werden verglichen mit 2020. Wer für ein gesichertes Energiewesen letztlich verantwortlich ist, kann aus Art.8 und 11 nicht schlüssig herausgelesen werden. Sind es der Bund, die Kantone oder die «Energiewirtschaft»? Art.11-14 erklären die Nutzung erneuerbarer Energien und ihren Ausbau zu einem nationalen Interesse, welches anderen nationalen Interessen gleichgestellt ist. Dies schafft eine gesetzliche Grundlage, mittels welcher Blockaden durch Natur- und Heimatschutz (mit gewissen Ausnahmen) aufgeweicht werden könnten (allerdings nicht ohne Gang zu Gerichten). Der Rest des Gesetzes reguliert die Einspeisung von Elektrizität aus erneuerbaren Energien, Zusammenschlüsse von individuellen Produzenten, Vergütungen durch Netzbetreiber, Investitionsbeiträge/Einmalvergütung und Förderung des Ausbaus von erneuerbarer Energie (Photovoltaik, Wasserkraft, Biomasse) und eine Marktprämie für Elektrizität von Grosswasserkraftwerken (Kompensationszahlung). Art.35 befasst sich mit einem Netzzuschlag, der von Netzbetreibern zu bezahlen ist, aber an die Endverbraucher weitergegeben werden kann. Der Netzzuschlag kann maximal 2.3 Rappen / kWh (oder etwa 115 Franken pro Jahr und Haushalt) betragen. Mit dem Netzzuschlag wird ein Netzzuschlagsfonds gespeist, der die Förderungsmassnahmen des Bundes unterstützt. Ein Umverteilmechanismus wird mit Art.39 eingeführt. Zur Reduktion des Energieverbrauchs kann der Bund unter Art.44 Vorschriften für das Inverkehrbringen von Anlagen, Geräten und Fahrzeugen erlassen. Unter Art.45 haben die Kantone Vorschriften über die sparsame und effiziente Energienutzung in Neubauten und in bestehenden Gebäuden zu erlassen, insbesondere über den maximal zulässigen Anteil nicht erneuerbarer Energien zur Deckung des Wärmebedarfs für Heizung und Warmwasser. Auch ist ein Gebäudeenergieausweis einzuführen, der als obligatorisch erklärt werden kann.

Das Bundesgesetz über die Reduktion der CO_2-Emissionen von 2011 (CO_2-Gesetz) ist heute noch in Kraft. Das erklärte Ziel dieses Gesetzes ist es, eine Verminderung von Treibhausgasemissionen zu bewirken. Das Gesetz soll einen Beitrag dazu zu leisten, dass der globale Temperaturanstieg bei weniger als 2^0C bleibt (Art.1). Betreiber von Anlagen, die besonders viel Treibhausgas emittieren inklusive Luftverkehrsbetreiber werden dazu verpflichtet, an einem Emissionshandelssystem (EHS) teilzunehmen (Art.16). Deren Emissionen müssen über Emissionsrechte und Emissionsminderungszertifikate kompensiert werden. Emissionsrechte werden z.T. zugeteilt und z.T. versteigert (Art.2). Emissionsminderungszertifikate können über Projekte im Ausland, die eine nachhaltige Emissionsverminderung bewirken, erworben werden. Eine freiwillige Teilnehme am EHS ist ebenfalls möglich. Im Prinzip wird den Teilnehmern am EHS die CO_2-Abgabe zurückerstattet (Art.17). Unter Art. 9 haben die Kantone dafür zu sorgen, dass die CO_2-Emissionen aus Gebäuden, die mit fossilen Energieträgern beheizt werden, zielkonform vermindert werden. Dafür erlassen sie Gebäudestandards für Neu- und Altbauten aufgrund des aktuellen Stands der Technik. Maximalwerte für die durchschnittlichen CO_2-Emissionen von in 2015 and 2020 neu in Verkehr gesetzten Personenwagen, Lieferwagen und leichten Sattelschleppern werden im Art.10 vorgegeben. Der Bundesrat hat auch rechtzeitig Maximalwerte für die Zeit nach 2020 vorzuschlagen. Importeure und allfällige inländische Hersteller werden zur Einhaltung ihrer Neuflottengrenzwerte verpflichtet. Überschreitungen werden mit genau definierten Bussen geahndet (Art.13). Unter Art.26 wird ein Kompensations-Aufschlag auf Treibstoffe von maximal

5 Rappen pro Liter eingeführt. Unter Art.29 wird eine CO_2-Abgabe auf der Herstellung, Gewinnung und Einfuhr von Brennstoffen von 36-120 Franken / Tonne CO_2 erhoben. Unter gewissen Bedingungen kann die CO_2-Abgabe zurückerstattet werden (Art.31-32). Der Ertrag der CO_2-Abgabe wird z.T. für die Gebäudesanierung (bis zu 450 Millionen Franken/Jahr) und die Förderung von geothermischen Heizungs-/Warmwasseranlagen (bis zu 30 Millionen Franken / Jahr) eingesetzt. Das meiste was übrigbleibt soll an die Bevölkerung und die Wirtschaft um/rückverteilt werden (Art.36).

Das Bundesgesetz über die Verminderung von Treibhausgasemissionen von 2020 wurde von der Stimmbevölkerung in der Referendumsabstimmung vom 13. Juni 2021 verworfen. Ich glaube, dass es sich lohnt, den abgelehnten Gesetzestext dennoch genauer anzusehen, da er die gegenwärtigen Vorstellungen der Regierung widerspiegelt. Beim verworfenen Gesetz handelt es sich um eine Neuauflage des CO_2-Gesetzes von 2011. Das grundlegende Ziel bleibt dasselbe. Interessant sind die weiteren hehren Ziele, nämlich die Treibhausgasemissionen auf ein Ausmass zu reduzieren, das die Aufnahmefähigkeit von Kohlestoffsenken nicht übersteigt, die Fähigkeit zur Anpassung an die nachteiligen Auswirkungen der Klimaänderungen zu erhöhen und die Finanzmittelflüsse in Einklang zu bringen mit der angestrebten emissionsarmen und gegenüber Klimaänderungen widerstandsfähigen Entwicklung (Art.1). Gemäss Art. 3 dürfen die Treibhausgasemissionen im Jahr 2030 höchstens 50 Prozent der Treibhausgasemissionen im Jahr 1990 betragen. Im Durchschnitt der Jahre 2021-2030 müssen die Treibhausgasemissionen um mindestens 35 Prozent gegenüber 1990 vermindert werden. Die Verminderung der Treibhausgasemissionen soll zu mindestens drei Vierteln mit im Inland durchgeführten Massnahmen erfolgen. Der Bundesrat soll dem Parlament rechtzeitig Verminderungsziele für die Jahre nach 2030 vorlegen. Unter Art.9 sorgen die Kantone dafür, dass die CO_2-Emissionen aus fossilen Brennstoffen, die von der Gesamtheit der Gebäude in der Schweiz ausgestossen werden, im Durchschnitt der Jahre 2026 und 2027 um 50 Prozent gegenüber 1990 vermindert werden. Sie erlassen dafür Gebäudestandards für Neubauten und für bestehende Bauten. Art.10 scheint einen Plan vorzugeben, wie dieses Ziel zu erreichen ist:

ab 2023 dürfen Altbauten, deren Wärmeerzeugungsanlage für Heizung und Warmwasser ersetzt wird, in einem Jahr höchstens 20 kg CO_2 aus fossilen Brennstoffen pro m^2 Energiebezugsfläche (Summe aller beheizten Geschossflächen) ausstossen. Der Wert ist in Fünfjahresschritten um jeweils 5 kg CO_2 zu reduzieren.

Neubauten dürfen durch ihre Wärmeerzeugungsanlage für Heizung und Warmwasser grundsätzlich keine CO_2-Emissionen aus fossilen Brennstoffen verursachen.

Der für Bauten rechtlich verbindlich gesicherte Bezug CO_2-neutraler erneuerbarer gasförmiger oder flüssiger Energieträger kann dabei zu maximal 50 Prozent zur Erreichung der Vorgaben angerechnet werden. Der Anteil kann bis auf 100 Prozent erhöht werden, wenn gleichzeitig Massnahmen bezüglich Effizienz nachgewiesen werden. Als solche gelten insbesondere energetische Gebäudehüllen- oder Gesamtsanierungen.

Mit anderen Worten, Heizung und Warmwasserzubereitung in Neubauten müssen CO_2-neutral sein. Sobald eine Heizung/Warmwasseranlage in einem Altbau den Geist aufgibt, soll sie möglichst durch eine geothermische Anlage ersetzt werden. Vollen Kredit selbst für die Verwendung von eingekauften erneuerbaren Energieträgern (ausser Elektrizität) soll nur bekommen wer eine Gesamtsanierung unternommen hat, d.h. wenn keine geothermische Anlage eingebaut wird, dann muss ein Gebäude energetisch saniert sein und die Heizung mit erneuerbaren Brennstoffen betrieben werden.

Unter Art.11 sind die Maximalwerte 2021-2024 für CO_2-Emissionen von neu eingesetzten Fahrzeugen vorgegeben: 95 g CO_2 / km für Personenwagen (etwa **4 Liter / 100 km**) und 147 g CO_2 / km für schwerere Fahrzeugen (ausgenommen schwere Fahrzeuge von > 3.5 Tonnen). Ab 2025 werden weitere Reduktionen der Fahrzeugemissionen relativ zu Zielwerten der EU definiert (Art.12). Ziele für die Zeit nach 2030 werden vom Bundesrat rechtzeitig vorgeschlagen. Verantwortlich für die Einhaltung sind Importeure und allfällige einheimische Hersteller (Art.15). Unter Art.17-18 kann die Verwendung von Treibstoffen, die mittels erneuerbarer Energie hergestellt wurden, angerechnet werden. Art.19 beschreibt Bussen für Überschreitungen der Maximalwerte. Art.21-22 verpflichten Betreiber von gewissen Anlagen und die Fluggesellschaften zur Teilnahme am EHS zur Kompensation der von ihnen verursachten Emissionen. Freiwillige Teilnahme ist möglich. Teilnehmer können die CO_2-Abgabe zurückfordern (Art.24). Im Art.30 geht es um den Kompensations-Aufschlag auf Treibstoffe. Ab 2025 kann der bis 12 Rappen pro Liter betragen (bisher maximal 5 Rappen). Dazugehörige Bussen sind im Art.32 zu finden.

Unter Art. 34 wird die CO_2-Abgabe auf der Herstellung, Gewinnung und Einfuhr von Brennstoffen fortgeführt. Der Preis ist nicht mehr 36-120 Franken / Tonne CO_2 wie zuvor, sondern 96-210 Franken / Tonne CO_2. Art.42-48 führen eine Flugticketabgabe von 30-120 Franken ein. Die allgemeine Luftfahrt wird unter Art.49-52 zur Kasse gebeten. Die Erträge der CO_2-Abgabe, der Flugticketabgabe und den Abgaben der allgemeinen Luftfahrt werden z.T. einem neu einzurichtenden Klimafonds zugeführt (Art.53). Aus diesem Fonds sollen Gelder für

Massnahmen zur Verminderung der Treibhausemissionen von Gebäuden fliessen (bis zu 450 Millionen Franken, wovon 60 Millionen Franken für den Ersatz von Heizungen, Ladeinfrastrukturen, Anlagen zur Produktion erneuerbarer Gase, usw. verwendet werden können) (Art.55). Der Klimafonds kann auch zur Finanzierung verschiedenster weiterer Massnahmen beitragen (Art.56-58) Das meiste was übrigbleibt wird an die Bevölkerung und die Wirtschaft um/rückverteilt (Art.60).

8.1. Fazit

Unsere Politiker glauben offensichtlich, dass CO_2-Neutralität mittels Beschränkungen, Steuern und Bussen einerseits und bescheidenen Förderbeiträgen (Investitionsbeiträgen) andererseits erreicht werden kann.

Es ist allerdings äusserst wahrscheinlich, dass die oben besprochenen Gesetze der angestrebten Erreichung der CO_2-Neutralität nicht förderlich, sondern möglicherweise sogar hinderlich sein werden. Der Volkswirtschaft werden Gelder entzogen, was tendenziell die Inangriffnahme von privaten oder gewerblichen/industriellen Projekten hemmen wird. Und solche Projekte wären gefragt. Was die Verwendung der eingeforderten Gelder betrifft, muss erwartet werden, dass ein beträchtlicher Teil davon von der Verwaltung absorbiert werden wird. Ein anderer Teil wird für eine Vielzahl von unkoordinierten Projekten ausgegeben werden. Man muss sich im Klaren sein, dass der Bund und die Kantone bis heute noch keinen konkreten Plan zur Erreichung der CO_2-Neutralität vorgestellt/empfohlen haben. Die Rückverteilung eines Teils der eingeforderten Gelder an Bevölkerung und Wirtschaft ist dann noch das Pünktchen auf dem i. Auf der anderen Seite sind die Abgaben wohl so bemessen, dass sie relativ schmerzfrei bezahlt werden können. Es darf vermutet werden, dass sie auch gerade deshalb nicht viel Positives bewirken können.

Auch schaffen die Gesetze zweifelhafte Anreize. Die Emissionsbeschränkungen bei den Fahrzeugen ermutigen zu einem baldigen Umstieg auf Elektromobilität. Wenn sich mehr als nur eine kleine Minderheit entsprechend verhalten wird, dann wird uns der Strom dafür fehlen. Die Vorschriften, welche auf den Ersatz von konventionellen mit geothermischen Heizungsanlagen hinauslaufen sollen, werden den Stromverbrauch ebenfalls ankurbeln. Da der weitere Ausbau der Photovoltaik, die Erstellung von Windkraftanlagen und die Gebäudesanierungen freiwillig bleiben und deshalb nur langsam voranschreiten werden, muss davon ausgegangen werden, dass die entstehenden Stromlücken durch grosszügige Stromimporte oder den Betrieb von Gaskraftwerken kompensiert werden müssen. Wenn denn schon Stromimporte in grossem Stil getätigt oder die Stromproduktion mittels Gaskraftwerken heraufgefahren werden sollen, dann wäre es wohl klüger, damit den Energie-intensiven Infrastrukturumbau zu alimentieren, der für ein CO_2-neutrales Energiewesen notwendig sein wird.

Und dann wären noch die unsichtbaren Elefanten im Raum. Womit sich die Gesetze nicht, oder wenigstens nicht explizit, befassen ist die Frage, wer denn für die zur Erreichung der CO_2-Neutralität notwendigen Massnahmen bezahlen soll. Wer soll für Hunderte von Quadratkilometern von Photovoltaikanlagen bezahlen? Wartet man einfach darauf, dass Besitzer von Elektrofahrzeugen von selbst Photovoltaikanlagen aufstellen werden, um fahren zu können? Ist dies das Rezept, mit welchem unsere Behörden die Photovoltaik zu fördern gedenken? Wird es überhaupt möglich sein, die benötigten unzähligen Photovoltaikmodule und Zubehör auf dem Markt zu erwerben? P2G Technologien sollen einen wichtigen Beitrag zur Energiewende leisten. Im abgelehnten CO_2-Gesetz von 2020 waren einige Millionen Franken dafür vorgesehen. Was kann damit bewirkt werden? Wer finanziert die Gesamtsanierung unserer Gebäude? Will man einfach die erlaubten CO_2-Emissionen von Gebäuden aus fossilen Brennstoffen sukzessive so herunterfahren, dass die Immobilienbesitzer irgendwann nicht mehr darum herumkommen werden, geothermische Heizungen auf eigene Kosten einzubauen? Wie erwähnt, bleibt die energetische Sanierung von Gebäuden freiwillig. Selbst wenn Hausbesitzer für eine Gesamtsanierung ihrer Gebäude bereit wären, könnten sie überhaupt Kredite für solch grosse Projekte erhalten? Wie würde es mit der Deckung solcher Kredite aussehen? Im Fall von Mehrfamilienhäusern, würden Eigentümer ihre Investitionsausgaben überhaupt auf die Mieter abwälzen können? Das derzeitige Gebaren von Mieterverband, Behörden und Gerichten lässt wenig Hoffnung aufkommen. Würden die Immobilienbesitzer auch für die Kosten der Unterbringung ihrer Mieter während den Sanierungsarbeiten verantwortlich sein? Wie würde es für Stockwerkseigentümer aussehen, die nur gemeinsam handeln können? Wie im nächsten Kapitel ausführlicher besprochen, sind die für die Gebäudesanierung und den Heizungsersatz vom Gesetzgeber vorgesehenen Mittel (450 Millionen Franken pro Jahr für die Gebäudesanierung und einige Millionen für Heizungen) bloss ein Tropfen auf den heissen Stein.

Es kann nur gefolgert werden, dass die gegenwärtig gültigen Gesetze ungeeignet sind, die Erzielung der CO_2-Neutralität effizient voranzutreiben. Dasselbe gälte für eine modifizierte Version des verworfenen CO_2-Gesetzes von 2020, die wir bestimmt bald vorgestellt bekommen werden. Im Gegenteil ist zu befürchten, dass deren Umsetzung zu langjährigen Strommangellagen, Einschränkungen in der Mobilität und Verwerfungen im Immobiliensektor führen wird. Es müsste anders vorgegangen werden, sollten wir ernsthaft an der Erreichung des Ziels interessiert sein.

9. Gedanken zu einem Plan zur Erreichung der CO$_2$-Neutralität bis im Jahr 2050

CO$_2$-Neutralität bis im Jahr 2050 erreichen zu wollen, ist wahrlich ein äusserst ambitioniertes Ziel. Falls wir uns tatsächlich dafür entscheiden können, das Projekt Kopf voran anzugehen und dann konsequent durchzuführen, dann benötigen wir einen Plan, der seinen Namen auch verdient. Die «Pläne», die gegenwärtig zirkulieren, sind keine eigentlichen Pläne. Vielmehr handelt es sich bei diesen «Plänen» um ausführliche und z.T. sehr fundierte Besprechungen aller erdenklichen gesetzlichen Massnahmen, Technologien die zum Einsatz kommen könnten, Fördermassnahmen, usw. Eine Priorisierung oder plausible Vorschläge für eine koordinierte Vorgehensweise sucht man darin vergeblich.

Man muss sich im Klaren sein, dass wichtige Technologien, welche einen wesentlichen Beitrag zur Erzeugung und Speicherung von erneuerbarer Energie leisten könnten, zum gegenwärtigen Zeitpunkt noch nicht ausgereift sind. Die Photovoltaik ist einigermassen ausgereift im Sinne, dass Anlagen mit einem vernünftigen Wirkungsgrad gebaut werden können und dass die grundsätzlichen technischen Probleme gelöst zu sein scheinen. Das will natürlich nicht heissen, dass kein Verbesserungspotenzial mehr besteht. Die Batterietechnologie kann im selben Sinne auch als ausgereift angesehen werden. Dasselbe gilt für die oberflächliche Geothermie und die Technologie die bei der Wärmedämmung von Gebäuden zur Anwendung kommt. Nicht ausgereift sind die P2G Technologien. An der Optimierung von Brennstoffzellen, insbesondere von Methanol Brennstoffzellen, und von Elektrolyseanlagen wird noch gearbeitet. Der Ersatz der für Elektroden verwendeten seltenen Metalle muss erst noch gelingen. Auch die stationäre Speicherung von komprimiertem Wasserstoff ist noch Gegenstand intensiver Forschung. Überhaupt ist noch unklar, wie Wasserstoff am besten gespeichert werden sollte. Die Sicherheit von Wasserstoff im Haushalt-/Immobilienbereich ist ein wichtiges Thema im Hintergrund. Auch die erneuerbare Produktion von Methanol befindet sich erst im Versuchsstadium. Die tiefe Geothermie (zur Erzeugung von Elektrizität) bleibt Gegenstand der Forschung. Selbst eine verlustarme saisonale Speicherung von solarthermisch erzeugter Sommerwärme ist gegenwärtig höchstens in Grossanlagen möglich.

Ein vernünftiger Plan müsste also in mehreren Phasen verwirklicht werden. Als erstes müssten die ausgereiften Technologien zur Anwendung kommen. Die vollständige Einführung dieser

Technogien wird eine gewisse Zeit in Anspruch nehmen. Es kann erwartet (oder vielleicht ehrlicher, «gehofft») werden, dass die Entwicklung der heute noch nicht ausgereiften Technologien im Laufe dieser Zeit ein Stadium erreichen wird, in welchem rationale Entscheidungen über deren Einsatz getroffen werden können.

Bei der Produktion von zusätzlicher (erneuerbarer) elektrischer Energie steht die Photovoltaik im Zentrum. Die relativ bescheidenen Ausbauziele des Bundes gepaart mit den zu erwartenden politischen Schwierigkeiten bei der Umsetzung suggerieren, dass die Wasserkraft keinen bedeutenden zusätzlichen Beitrag leisten wird. Ähnliches gilt für die Windkraft. Die vorgesehenen 800-900 Windkraftwerke würden vergleichsweise wenig zur Gesamtelektrizitätsproduktion beisteuern. Dabei ist es noch fraglich, ob selbst diese Kraftwerke je gebaut werden. Wie erwähnt, ist tiefe Geothermie als Basistechnologie gegenwärtig nicht verfügbar.

Es ist also unausweichlich, dass ein konsequenter Ausbau der Photovoltaik eine Massnahme ist, die sobald als möglich durchgeführt werden sollte. Wie oben ausgelotet, ist die voraussichtlich benötigte zusätzliche Elektrizitätsmenge so gross, dass nicht nur alle geeigneten Gebäudeoberflächen zur PV-Produktion verwendet werden müssten, sondern noch zusätzlich riesige PV-Parks angelegt werden müssten. Von den Betrachtungen im sechsten Kapitel leite ich ab, dass der PV-Ausbau auf Gebäuden, möglichst inklusive historischer Gebäude, prioritär angegangen werden sollte.

Eine zweite Massnahme wäre die Gesamtsanierung aller Gebäude. Es ist ja bekanntlich der Gebäudebereich, wo am meisten Energie verschleudert wird. Es sollte also klar sein, dass alle alten Gebäude (die grosse Mehrzahl der bestehenden Gebäude) rasch möglichst gesamtsaniert werden sollten. In einem Plan wäre es wichtig zu beachten, dass es eine logische Abfolge gibt. Zuerst sollte die Hülle eines Gebäudes energetisch saniert werden. Erst danach sollte eine effiziente Heizung eingebaut werden und alle geeigneten Flächen (Dach und Fassade) mit Photovoltaik bestückt werden. Eine andere Abfolge würde entweder den Einbau einer überdimensionierten Heizanlage zur Folge haben oder eine Demontage und Neumontage einer Photovoltaikanlage notwendig machen.

Im neuen «European Green Deal» der EU wird der Gebäuderenovationsplan als «flagship programme» bezeichnet. In der EU wie in der Schweiz ist die Sanierungsrate etwa 1 % / Jahr. Unter dem Plan der Kommission soll eine Verdoppelung oder Verdreifachung dieser Rate erreicht werden. Bei einer Verdreifachung wären alle Gebäude im Jahr 2050 saniert. Die Details des Plans sind mir nicht bekannt.

Für die Gebäudesanierung stehen heute im Wesentlichen die 450 Millionen Franken / Jahr des Gebäudeprogramms zur Verfügung. Die Grünen schlagen in ihrem «Klimaplan» vor, dass die Sanierungsrate verdoppelt werden soll. Dafür würden sie die Investitionsbeiträge des Gebäudeprogramms auf 50% der anrechenbaren Investitionskosten erhöhen. Sie rechnen mit einem jährlichen Mehraufwand von einer Milliarde Franken. Dieser Vorschlag ist in mehrfacher Hinsicht fragwürdig. Wie verhielten sich die anrechenbaren Kosten zu den effektiven Kosten? Was bedeuteten also die 50% in Wirklichkeit? Auch ist unklar, in welchem Umfang das Gebäudeprogram bisher zur Sanierungsrate beigetragen hat. Weshalb wird es schon heute nicht voll ausgeschöpft? Vielleicht weil der Restbetrag, der vom Eigentümer aufgebracht werden muss, immer noch ein fast unüberwindliches Hindernis darstellt (oder eine Sanierung sich überhaupt nicht rechnet)? Wenn dies der Fall wäre, dann würde eine Ausschüttung von 50% von irgendwie standardisierten Investitionskosten möglicherweise ebenfalls wenig bis nichts bringen. Die Grünen haben sich dies offenbar auch schon überlegt. Deshalb sehen sie explizit eine «Sanierungspflicht» vor.

Wenn eine Gesamtsanierung aller Gebäude innert nützlicher Frist erreicht werden soll, dann wird die Finanzierung der Projekte eine zentrale Rolle spielen. Was würde eine Totalsanierung aller Wohngebäude kosten?

Einfamilienhäuser: es gibt etwa eine Million davon. Die durchschnittliche Wohnfläche beträgt etwa 150 m^2. Vergrössern wir diese Fläche um 20% um nicht bewohnbarem Raum (Treppen, usw.) Rechnung zu tragen, dann wären wir bei 180 m^2, typischerweise verteilt auf zwei Stockwerke. Zur Abschätzung der Kosten habe ich eine Tabelle zur Grobkostenberechnung benutzt, welche ich auf der Webseite der Raiffeisen Schweiz gefunden habe (www.raiffeisen.ch/casa/de/immobilien-sanieren/sanierungskosten/erneuerungskosten-haus-renovieren.html; Zugriff: 26.01.2021). Ich komme auf einen Betrag von etwa 305'000 Franken für die umfassende Gebäudehüllensanierung (inklusive Fensterersatz) und den Einbau einer Erdwärmepumpenanlage. Die Sanierungskosten für alle Einfamilienhäuser wären also etwa **305 Milliarden Franken**.

Mehrfamilienhäuser: davon gibt es etwa eine halbe Million. Eine typische Wohnung hat eine Wohnfläche von etwa 100 m^2 verteilt auf 3 Zimmer, wovon jedes mindestens ein Fenster hat. Das Gebäude beherbergt typischerweise etwa 6 Wohnungen verteilt auf 3 Stockwerke oder etwa 8 Wohnungen verteilt auf 4 Stockwerke. Arbeiten wir mit 8 Wohnungen auf 4 Stockwerken. Nach Berücksichtigung der unbewohnbaren Fläche kommen wir auf eine Geschossfläche von 240 m^2 und eine Fassadenfläche von etwa 744 m^2. Die Kosten für die Hüllensanierung und den Einbau einer geothermischen Heizanlage würden etwa 565'000

Franken betragen. Die Sanierungskosten für alle Mehrfamilienhäuser wären also etwa **282 Milliarden Franken**.

Die Sanierung aller Wohngebäude würde also etwa **587 Milliarden Franken** kosten. Verteilt auf 20 Jahre wären dies etwa **29 Milliarden Franken / Jahr**. Das Milliärdchen, das die Grünen dafür ausgeben wollen, würde ganz offensichtlich nicht sehr weit reichen. Mit anderen Worten, sie setzen auf eine Sanierungspflicht. Ich empfinde es als eine Unverschämtheit, dass sie mit einem Federstrich ein Segment der Bevölkerung zu Ausgaben dieses gigantischen Ausmasses verpflichten wollen.

Wenn mittels Verordnungen oder neuer Gesetze eine Totalsanierung aller (nicht-landwirtschaftlichen) Gebäude inklusive des Ersatzes von Heizungs- und Warmwasserzubereitungsanlagen durchgesetzt würde, dann entstünde für den einzelnen Hausbesitzer Null Mehrwert. Den Eigentümer zu zwingen, die Kosten der Sanierung selbst zu tragen, entspräche einer Vernichtung eines Teils seines Privatvermögens (oder des Gesellschaftsvermögens im Fall von Pensionskassen, Stiftungen und Unternehmen), was mit der Eigentumsgarantie der Verfassung schwer zu vereinbaren wäre (Art.26, Absatz 1: «Das Eigentum ist gewährleistet.»; Absatz 2: «Enteignungen und Eigentumsbeschränkungen, die einer Enteignung gleichkommen, werden voll entschädigt.»). Je nach Hypothekarlast eines Gebäudes wäre ein Besitzer möglicherwiese sogar dazu gezwungen, sein Gebäude zu veräussern (und, im Fall eines Mietobjektes, die Mieteinnahmen zu verlieren). Die Kosten auf Mieter abzuwälzen, wäre aus demselben Grund abzulehnen und wäre voraussichtlich so oder so nicht durchsetzbar.

Die Erreichung der CO_2-Neutralität ist ein deklariertes Ziel unseres Staates. Die Gebäudesanierung würde einen wichtigen Beitrag dazu leisten. Es scheint nur logisch, dass der Staat deshalb auch die verursachten Kosten übernehmen sollte. Eine Verdoppelung der direkten Bundessteuer wäre die Folge. Ich kann mir ausrechnen, dass linke Kreise eine solche Lösung ablehnen würden: arme Leute würden dann ja dazu gezwungen, für die Sanierung der Villen der Reichen aufzukommen. Aber, Staatsaufgaben werden nun einmal von der Bevölkerung finanziert. So ist es ja auch mit den Strassen, den Schulen und den Kampfjets. Die angedachte Finanzierung über Steuern ermangelt nicht einer gewissen Gerechtigkeit. Ob es richtig wäre, die Sanierung von Gebäuden im Dienstleistungs- und Industriesektor auf dieselbe Weise zu finanzieren, müsste überdacht werden. Die Stimmbürger von der Notwendigkeit einer solchen Steuererhöhung zu überzeugen, wäre eine lohnende Aufgabe für unsere Umweltpolitiker. Ob sie den Mut aufbringen könnten, sich derart zu exponieren, wäre eine spannende Frage. Eine öffentliche Diskussion würde aufzeigen, wie wichtig ein auf erneuerbaren Energien beruhendes Energiewesen den Politikern und der Stimmbevölkerung tatsächlich ist.

Die Durchführung der Sanierungen sollte am ehesten privaten Unternehmen überlassen werden. Der Bund müsste die zu ergreifenden Sanierungsmassnahmen definieren, verrechenbare Kosten festlegen und das Kontroll- und Abrechnungswesen organisieren. Jeder Gebäudeeigentümer wäre dafür verantwortlich (im Rahmen des Möglichen), dass die Sanierung seines Gebäudes bis zum vorgesehenen Termin durchgeführt ist.

Ähnlich könnte bei der Finanzierung von Photovoltaikanlagen zur Bestückung aller geeigneten Gebäudeoberflächen vorgegangen werden. Falls der saisonale Ausgleich der dezentralen photovoltaischen Stromproduktion mittels P2G Technologie (z.B. Strom zu Wasserstoff wie in Kapitel 6 besprochen) erfolgen sollte, könnte die Installation von Brennstoffzellen Stacks, Kompressoren und Wasserstoffspeichern über denselben Mechanismus finanziert werden. Der Aufwand für diese Massnahmen wäre wesentlich kleiner als derjenige für die Gebäudesanierungen.

Die Umstellung (soweit möglich) von fossiler auf erneuerbare Erzeugung von Prozesswärme in der Industrie wäre ebenfalls eine wichtige Aufgabe in der ersten Phase. Diese Umstellung könnte möglicherweise über zweckgebundene Steuergeschenke finanziert werden.

Lokale Zusammenschlüsse von individuellen Stromproduzenten und Konsumenten in Microgrids und AEGs könnten gefördert werden. Beispielsweise könnten Gemeinden and Städte Grid-unabhängige Leitungsnetze erstellen. Die Verlegung der Kabel könnte anlässlich von periodischen Unterhaltsarbeiten an Strassen erfolgen.

Möglicherweise würde eine öffentliche Finanzierung der Gebäudesanierungen und des Totalausbaus der Photovoltaik dazu führen, dass sich inländische Unternehmen auf die Produktion von Photovoltaikzellen und Anlagen umstellen bzw. ausrichten würden. Bau- und Sanitärunternehmen würden sich vergrössern, um die stark angestiegene Nachfrage zu befriedigen. Sollte dies nicht der Fall sein, dann müssten entsprechende Anreize geschaffen werden.

Wo wären wir am Ende dieser ersten Phase? Die installierten Photovoltaikanlagen würden etwa 8 TWh Elektrizität im Winterhalbjahr produzieren. Aufgrund der reduzierten Wärmeverluste der Gebäude und der Umstellung auf die relativ sparsame Geothermie würde diese Elektrizitätsmenge ausreichen, um den Heiz- und Warmwasserbedarf aller beheizbaren Gebäude unter normalen meteorologischen Bedingungen abzudecken (etwa 6 TWh). Der Verbrauch von fossilen Brennstoffen für Heizzwecke wäre auf Null reduziert. Ein wichtiges

Teilziel wäre erreicht. Im Sommerhalbjahr wäre die PV-Stromproduktion gross genug, um auch die Elektrizitätsversorgung der Haushalte zu garantieren. Im Winterhalbjahr müsste die Haushaltelektrizität vom Netz bezogen werden. Zusammen sind die Industrie und der Dienstleistungssektor die grössten Elektrizitätsverbraucher. Wie im Haushaltsektor wären Einsparungen aufgrund von Effizienzgewinnen bei elektrischen Geräten auch im Dienstleistungssektor zu erwarten. Ob die Industrie ihren Elektrizitätsverbrauch signifikant reduzieren könnte ist schon eher fraglich. Viele Prozesse, die heute fossile Energie verwenden, würden elektrisch betrieben werden. Dies würde möglicherweise sogar einen erhöhten Elektrizitätsbedarf bedeuten. Ein grösseres Elektrizitätsdefizit im Winterhalbjahr könnte möglicherweise nur durch den Weiterbetrieb der Kernkraftwerke vermieden werden. Wenn am Ende der ersten Phase die Umstellung auf Elektromobilität schon weit fortgeschritten wäre, hätten wir ein zusätzliches Problem. Es müsste wahrscheinlich im grösserem Ausmass Elektrizität importiert oder Gaskraftwerke gebaut und betrieben werden. Es wäre deshalb klug, den Umstieg auf Elektromobilität nicht zu forcieren. Dies auch aus einem anderen Grund: eine reine Elektromobilität wird möglicherweise nicht die endgültige Lösung sein (aber s. weiter unten für eine potentielle Alternative). Der angedachte Ausbau der Pumpspeicherung wird nicht annähernd ausreichen, um die für den Winterbetrieb der Fahrzeuge notwendige Energiemenge zu speichern. Andere Grossspeichermöglichkeiten für potentielle Energie sind nicht in Sicht. Es scheint unausweichlich, dass P2G Technologien eingesetzt werden müssten. Elektrisch motorisierte Fahrzeuge würden also mindestens im Winterhalbjahr z.T. mit Wasserstoff, Methan oder Methanol (oder vielleicht anderen mit PV-Energie erzeugbaren Treibstoffen) fahren. Die Elektromotoren dieser Fahrzeuge würden mit Strom angetrieben werden, der mittels Brennstoffzellen aus den erneuerbaren Treibstoffen gewonnen würde. Möglicherweise würden wir Fahrzeuge haben, welche wahlweise mit Batteriestrom oder mit einem mitgeführten erneuerbaren Treibstoff fahren könnten.

In einer zweiten Phase würde es hauptsächlich um den Ausbau von Speicherkapazitäten gehen, die eine volle Ausnutzung der Stromproduktion des Gebäudeparks und eine ganzjährliche elektrisch motorisierte Mobilität ermöglichen würden. Es darf erwartet/gehofft werden, dass die P2G Technologien zu diesem Zeitpunkt voll ausgereift sein werden. Wie im sechsten Kapitel angedacht, könnte der gesamte Energiebedarf für den Elektrizitätsverbrauch der Haushalte sowie für Heizung und Warmwasserzubereitung aller beheizbaren Gebäude dezentral abgedeckt werden (Photovoltaik auf Gebäudeoberflächen). Ein Teil der im Winterhalbjahr benötigten Energiemenge würde z.B. in Form von Wasserstoff gespeichert. Die Gebäude müssten dazu mit Brennstoffzellen, Gasspeicher und Kompressoren (falls der Wasserstoff in komprimierter Form gelagert würde) ausgestattet werden. Verbünde von so ausstaffierten Gebäuden könnten dann im Wesentlichen autonom funktionieren (mittels der erwähnten Microgrids oder AEGs).

Der Treibstoff für die Wintermobilität, Methanol in den angedachten Szenarien, würde in grossen Anlagen erzeugt. Diese Anlagen würden PV-Parks, Elektrolyseanlagen, Methanolisierungsanlagen und Holzverbrennungsanlagen (oder andere CO_2 Lieferanten) kombinieren. Die benötigten Flächen für die PV-Parks wären wahrscheinlich nur im Gebirge vorhanden. Seen, Wälder, usw. würden sich nicht eignen, schon wegen den zu erwartenden negativen Effekten auf die Biosphäre. PV-Zellen in Strassenbelägen zu integrieren wäre vielleicht eine weitere Möglichkeit (obschon bisherige Versuchsresultate nicht besonders vielversprechend waren; https://www.energiezukunft.eu/erneuerbare-energien/solar/die-laengste-solarstrasse-im-hexagon-ist-ein-flop; Zugriff: 07.03.2021). Die verfügbare Fläche auf Autobahnen und Nationalstrassen wäre etwa 30 km^2 und auf Kantonsstrassen etwa 130 km^2. Der Bund könnte Anreize für den Bau von PV-Parks schaffen. Der erzeugte Treibstoff, d.h. Methanol, könnte an Tankzellen geliefert and dort verteilt werden. Der Bund hätte ausreichende freiwerdende Speicherkapazitäten (die Pflichtlager für fossile Treib- und Brennstoffe) für überschüssige Volumen.

Eine mögliche Alternative wäre ein Grossausbau der tiefen Geothermie in der zweiten Phase. Falls diese Technologie zum richtigen Zeitpunkt genügend ausgereift sein sollte, um grosse Mengen von Elektrizität sicher produzieren zu können, dann könnte damit der allgemeine Elektrizitätsbedarf (im Winter) gedeckt werden. Eine rein elektrische Mobilität wäre dann moglich. Dennoch, ein rationaler Plan kann nicht auf die Nutzung von tiefer Geothermie setzen. Im Gegensatz zu den P2G Technologien ist es heute noch ungewiss, ob diese Technologie jemals den notwendigen Entwicklungsstand erreichen wird und ob dies in den nächsten 20-30 Jahren geschehen wird.

Wie bereits angetönt, sollte die Umstellung auf elektrisch motorisierte Fahrzeuge, welche mit erneuerbarer Energie betrieben werden, nicht mittels rigider und jährlich sich verschärfenden Vorschriften für den maximalen Verbrauch von fossilen Brennstoffen erzwungen werden. Den ganzen damit verbundenen Bürokratieaufwand könnte man sich sparen. Ausserdem sollte die Umstellung mit dem Ausbau dezentraler Photovoltaik and P2G sowie der Produktion von nicht-fossilen Treibstoffen einhergehen. (Alternativ müsste der Grossausbau der tiefen Geothermie abgewartet werden.) Sinnvoller wären Empfehlungen zur Umstellung und ein zeitlich richtig gewähltes Verbot der Nutzung von fossilen Treibstoffen (spätestens im Jahr 2050).

Wie eingangs erwähnt, glaube ich nicht, dass die CO_2-Neutralität ohne einen konkreten Plan erreicht werden kann, der von der Gesamtbevölkerung mitgetragen wird. Dieses Mittragen müsste auch die Akzeptanz einer höheren Steuerbelastung miteinschliessen, um die für die Durchführung des Plans notwendigen Mittel zu «generieren». Auf ein proaktives Vorgehen zu verzichten und sich auf die Wirksamkeit unserer Gesetze zu verlassen, erachte ich als blauäugig. Es muss befürchtet werden, dass wir so in eine Katastrophe hineinlaufen würden, nicht so sehr eine Umweltkatastrophe als eine wirtschaftliche Katastrophe.

Ich habe mich in dieser Arbeit mit möglichen technologischen Ansätzen zur Erreichung der CO_2-Neutralität auseinandergesetzt. Dabei wurde klar, dass gigantische Anstrengungen gemacht werden müssten, um das Ziel zu erreichen. Dies obschon ich annahm, dass der Elektrizitätsverbrauch der Haushalte auf die Hälfte sinken wird, dass nur noch mit den energetisch vorteilhaftesten Technologien geheizt und gefahren wird und dass keine weitere Nettoeinwanderung stattfinden wird. Eine grundsätzliche Neuordnung unserer Lebensweise und unserer gesellschaftlichen Organisation in nur dreissig oder sogar in nur zwanzig Jahren bewerkstelligen zu wollen, halte ich für eher unrealistisch. Als Beispiel: die meisten Wohngebäude werden auch dann noch stehen. Etablierte Betriebe werden im Normalfall keinen Grund haben, ihre funktionierenden Anlagen und Gebäude stehen zu lassen und an einem anderen Ort einen Neuanfang zu machen. Dennoch, ein sparsamerer Lebensstil könnte den technologischen Aufwand beträchtlich reduzieren. Weniger motorisierte Freizeitmobilität, weniger Zweithäuser und Zweitwohnungen, weniger Pendeln zur Arbeit and kleinere Ansprüche an Wohnraum und Nahrungs- und Konsumartikelsortimente würden die Zahl der gefahrenen km verringern. Eine konsequente Nutzung von Kleinfahrzeugen (elektrisch motorisiert) würde sich direkt auf die PV-Fläche niederschlagen, die den Fahrstrom (oder den biogenen Treibstoff) liefert. Ebenfalls erstrebenswert wären weniger Konsum von Fertigprodukten in der Küche, mehr Verwendung von regional erzeugten Nahrungsmitteln, weniger Fleischkonsum, weniger Anschaffungen oder Ersatz von Geräten aller Art inklusive Fahrzeugen, weniger Einkäufe bei Amazon usw. anstatt in Geschäften vor Ort (?) und weniger Reisen. Und Migros und COOP könnten darauf verzichten, uns jede Woche eine Zeitschrift mit einem Volumen von etwa dem der Sonntagsausgabe der New York Times zu schicken...

Die hier berücksichtigten Technologien schliessen die Kernkraft aus, da die Schweizer Bevölkerung sich mit der Annahme des Energiegesetzes von 2016 dazu bekannte, auf neue Kernkraftwerke zu verzichten. Ich möchte nicht unerwähnt lassen, dass die gigantischen Anstrengungen, die notwendig wären, um auf ein auf erneuerbaren Energien beruhendes Energiewesen umzustellen, vermieden werden könnten. Die Kernkrafttechnologie hat sich weiterentwickelt, und sicherere Kraftwerke können heutzutage gebaut werden. Um ein CO_2-neutrales Energiewesen einzurichten (ab 2050), könnte es genügen, die bestehenden Kernkraftwerke durch fünf neue Kraftwerke mit je einer Leistung des Kraftwerks in Leibstadt zu ersetzen (unter der Voraussetzung, dass wir geothermisch oder ähnlich heizen, elektrisch fahren, 50% weniger Haushaltelektrizität verbrauchen und weiterhin 1% der Gebäude pro Jahr energetisch sanieren würden).

Ich möchte abschliessend in Erinnerung rufen, dass ich mich in dieser Arbeit nicht mit der Frage auseinandergesetzt habe, ob die CO_2-Neutralität ein anstrebenswertes Ziel darstellt. Obschon dies auch heute noch von so manchem bezweifelt wird, finden öffentliche Debatten zu dieser Frage kaum mehr statt. Ob ich persönlich davon überzeugt bin, ist für meine Betrachtungen nicht relevant.

10. Im Text abgekürzt zitierte Literatur (Kapitel 5-9)

Andersson, J., Grönkvist, S. (2019) Large-scale storage of hydrogen. Int. J. Hydrogen Energy 44: 11901-11919.

Bowker, M. (2019) Methanol synthesis from CO_2 hydrogenation. ChemCatChem. 11: 4238–4246.

Chatterjee, S., Huang, K.-W. (2020) Unrealistic energy and materials requirement for direct air capture in deep mitigation pathways. Nature Communications 11: 3287.

Dale, M., Benson, S.M. (2013) Energy balance of the global photovoltaic (PV) industry -is the PV industry a net electricity producer? Environ. Sci. Technol. 47: 3482–3489.

Dean, J. (NREL), McNutt, P. (NREL), Lisell, L. (NREL), Burch, J. (NREL), Jones, D. (Group 14), Heinicke, D. (Group 14) Photovoltaic-thermal new technology demonstration. National Renewable Energy Laboratory, January 2015. www.nrel.gov (last accessed 26.01.2021)

Ferroni, F., Hopkirk, R.J. (2016) Energy return on energy invested (ERoEI) for photovoltaic solar systems in regions of moderate insolation. Energy Policy 94: 336-344.

Gaudard, A., Schmid, M., Wüest, A. (2018) Potential der Schweizer Oberflächengewässer. Aqua & Gas, Nr.2.

Hjelkrem, O.A., Arnesen, P., Bo, T.A., Sondell, R.S. (2020) Estimation of tank-to-wheel efficiency functions based on type approval data. Applied Energy 276: 115463.

Müller, K., (2019) Technologien zur Speicherung von Wasserstoff. Teil 1: Wasserstoffspeicherung im engeren Sinn. Chem. Ing. Tech. 91: 383–392.

O'Connell, A., Kousoulidou, M., Lonza, L., Weindorf, W. (2019) Considerations on GHG emissions and energy balances of promising aviation biofuel pathways. Renewable and Sustainable Energy Reviews 101: 504-514.

Rivard, E., Trudeau, M., Zaghib, K. (2019) Hydrogen storage for mobility; a review. Materials 12: 1973.

Sarbu, I., Sebarchievici, C. (2018) A comprehensive review of thermal energy storage. Sustainability 10: 191.

Scapino, L., Zondag, H.A., van Bael, J., Diriken, J., Rindt, C.C.M. (2017) Sorption heat storage for long-term low-temperature applications: A review on the advancements at material and prototype scale. Applied Energy 190: 920-948.

Schmidt, M., Linder, M. (2020) Novel thermochemical long term storage concept: balance of renewable electricity and heat demand in buildings. Front. Energy Res. 8: 137.

Vontobel, T. (2019) Performance von PV Anlagen unter der Lupe. Bulletin.ch 10/2019.

Walch, A., Castello, R., Mohajeri, N., Scartezzini, J.-L. (2020) Big data mining for the estimation of hourly rooftop photovoltaic potential and its uncertainty. Applied Energy 262: 114404.

Walch, A., Mohajeri, N., Gudmundson, A., Scartezzini, J-L. (2021) Quantifying the technical geothermal potential from shallow borehole heat exchangers at regional scale. Renewable Energy 165: 369-380.

11. Nachtrag: Erneuerbare Energien und der Ausbau des Staates

Mehrere Leser interpretierten unseren Bericht dahingehend, dass er eine zentrale Rolle des Staates bei der Umwandlung des Energiewesens auf erneuerbare Energien fordere. Dies ist zwar ein Missverständnis, aber von der Sache her nicht falsch.

Eben weil die erneuerbaren Energien eine geringe Energiedichte aufweisen, wäre der Aufwand, der betrieben werden müsste, um unser fossiles Energiewesen auf ein auf erneuerbaren Energien beruhendes Energiewesen umzustellen, gigantisch. Um CO_2-Emissionen auf ein sehr tiefes Niveau herunterzudrücken, müsste die Photovoltaik konsequent ausgebaut, Wärmepumpen-betriebene Heizung/Warmwasserzubereitung flächendeckend eingeführt und die Mobilität allgemein auf elektromotorisch umgestellt werden unter Verwendung von neuartigen P2G Technologien. Die energetische Gebäudesanierung müsste ebenfalls konsequent erfolgen. Wie im Bericht besprochen, glauben wir nicht daran, dass CO_2-Rückgewinnung aus der Luft eine vernünftige Lösung sein kann (unerprobt, nicht wirtschaftlich und ausserdem energetisch aufwendig, sprich noch weitere km^2 Photovoltaikanlagen im Gelände verbaut). Der Erfolg eines derartigen Umbaus würde proportional von der Mitwirkung der Bevölkerung und der Dienstleistungs- und Industriesektoren abhängen. Wenn ein bedeutender Teil dieser Akteure nicht mitmachte, dann wäre die Umstellung auf CO_2-neutral nicht realisierbar. Unsere Abschätzungen suggerierten, dass auch der finanzielle Aufwand für die Realisierung dieses Unternehmens furchterregend wäre. Das Schlimmste dabei wäre, dass die meisten Akteure höchstens einen ideellen Gewinn realisieren könnten, dafür aber massive reale Einbussen in Kauf nehmen müssten. Es ist also praktisch unausweichlich, dass eine Umstellung auf ein auf erneuerbaren Energien beruhendes Energiewesen nur durch den Staat realisiert werden könnte, der die Marschrichtung definierte, technische Vorgaben machte, die Bezahlung der Arbeiten verantwortete und das notwendige Kapital «beschaffte».

Die Frage, ob wir mit oder ohne Primat des Staates auf erneuerbare Energien umstellen sollten, stellt sich meiner Meinung nach nicht. Wenn wir eine solche Energiewende wollten, dann müsste der Staat federführend sein. Anders würde es wohl kaum gehen. Der Staat würde dabei weiter an Macht gewinnen, und der Staatsapparat würde weiter ausgebaut werden. Es ist wohl kaum ein Zufall, dass staatsnahe Parteien wie die Sozialdemokraten und die Grünen voll hinter einem solchen Umbau stehen und ihn nach Kräften unterstützen. Dass liberale Parteien und Organisationen mitziehen, ist nicht nachvollziehbar. Könnte es sein, dass sie den Zusammenhang zwischen einer Umstellung auf erneuerbare Energien und einem massiven Ausbau des Staates nicht begriffen haben?

Wenn wir einen weiteren Ausbau des Staates vermeiden wollten, dann müssten wir auf andere Ansätze setzen. Wie im Bericht erwähnt, könnte eine drastische Reduktion der CO_2-Emissionen mit einem vergleichsweise geringen Aufwand erreicht werden, nämlich mit dem Bau und der Inbetriebnahme einiger grösserer Kernkraftwerke. Diese Kraftwerke würden uns den notwendigen Strom liefern für den Haushaltbereich, für die Elektromobilität und auch für Gebäudebeheizung und Warmwasserzubereitung (Betrieb von geothermischen oder analogen Anlagen oder sogar der verpönten Elektroheizungen). Eine forcierte Sanierung von Gebäuden wäre auch nicht notwendig. Dank des generell steigenden Elektrizitätsbedarfs dürften solche Kernkraftwerke wirtschaftlich zu betreiben sein; ein Ausbau des Staatsapparats würde sich erübrigen. Spaltbares Material (Uran, Thorium) ist auf absehbare Zeit relativ günstig zu bekommen, und die Technologie hat sich weiterentwickelt. Nach neuem Standard gebaute Anlagen sollten wesentlich sicherer sein als die Anlagen, die wir heute in Betrieb haben. Weltweit sind etwa Hundert neue Kernkraftwerke geplant, hauptsächlich in China, Russland und Indien, aber auch in Ländern wie den USA und Grossbritannien.

Wir wären wahrscheinlich gut beraten, uns nicht durch ein überstürztes Vorgehen (exklusiver Fokus auf Sonne und Wind) in eine technologische Ecke drängen zu lassen. Massive Fehlinvestitionen wären eine mögliche Konsequenz. Es erscheint nicht als unvernünftig zu erwarten, dass uns in einigen Jahren weitere einsetzbare (auch grüne) Technologien zur Verfügung stehen werden. Der Bau einiger neuer Kernkraftwerke könnte auch als Zwischenlösung verstanden werden. Das Ziel der CO_2-Neutralität könnte zeitgerecht erreicht und die Entwicklung weiterer Technologien abgewartet werden.

12. Graue Energie und das Problem der geringen Energiedichte der erneuerbaren Energiequellen

Es müssten erhebliche Anstrengungen unternommen werden, um die angestrebte neue kohlenstoffarme Energiewirtschaft bis im Jahr 2050 aufzubauen. Ein wichtiges Energieelement, das ebenfalls berücksichtigt werden müsste, ist die graue oder verkörperte Energie. Obwohl eine klare und allgemein akzeptierte Definition noch fehlt, geht es dabei um die verschiedenen Energien, die für einen bestimmten Zweck aufgewendet werden müssen. Darunter figurieren vorab das Design eines Produkts, die Gewinnung, der Transport und die Umwandlung von Rohstoffen bei der Herstellung, die Konditionierung (Verpackung), der Transport zur Verkaufsstelle oder zum Verbrauchsort, die Installation und die Wartung während der Lebensdauer, die Entsorgung und das Recycling.

Wenn also der Verzehr eines raren statt eines gut durchgekochten Steaks mit einem etwas bescheidenerem Energieaufwand in der Küche verbunden ist, bleibt die Tatsache bestehen, dass für dieses Stück Fleisch Tierfutter produziert, ein Tier zum Schlachten transportiert, Fleisch in Kühlräumen gelagert, dann verpackt und zum Verkaufsort transportiert, und zu guter Letzt die Verpackung entsorgt wurde. Dieses Bespiel bringt eine Vielzahl von Schritten und Energieeinheiten ans Licht. Ein großes Einsparpotenzial ist erkennbar bei den vielen Transporten, welche durch die heutige Wirtschaftsorganisation bedingt sind.

Es gibt viele Informationen und Daten im Internet zum Thema der grauen Energie. Die offizielle Schweiz scheint dem nicht viel Aufmerksamkeit zu schenken. Die graue Energie ist jedoch auch eine Komponente, die wir in unserem eigenen Land berücksichtigen müssen, da wir mit vergleichbaren Problemen konfrontiert sind wie das Ausland. Auf der Website des BFE (Bundesamt für Energie) findet sich das Stichwort "grau" nur in acht Dokumenten, von denen

sich nur eines mit grauer Energie (in Gebäuden) befasst (https://www.bfe.admin.ch/bfe/fr/
home/forschung-undcleantech/)forschungsprogramm/gebaeude-und-staedte.exturl.html/aHR
0cHM6Ly9wdWJkYi5iZmUuYWRtaW4uY2gvZnIvcHVibGljYXRpb24vZG93bmxvYWQvMj).

Im Gebäudebereich wäre das Potenzial zur Energieeinsparung beträchtlich, obwohl seine
Realisation die Baumöglichkeiten einschränken würde. Zum Beispiel wurde Conrad Lutz 2008
für sein "Green Offices Givisiez" (Conrad Lutz Architecte Sàrl) mit dem Watt d'Or
ausgezeichnet. Ohne auf Details einzugehen, hat das von ihm verwirklichte Gebäude so viel
graue Energie eingespart (im Vergleich zum damaligen Standard (SIA 380/1 2001 = F: RT
2005)), dass es damit während 100 Jahren (!) beheizt werden könnte. Während sich die
Standards weiterentwickelt haben, hat sich das Bauwesen bis heute nur wenig verändert. Lutz
kümmerte sich um alle Aspekte des Gebäudes. Sein Ansatz beschränkt sich nicht auf
Neubauten. Er wäre auch bei Renovationen anwendbar.

Die Verwirklichung eines dekarbonisierten Energiewesens wird beträchtliche Mengen von
grauer Energie verschlingen. Ein im Internet gefundener Gedanke zur Bedeutung der grauen
Energie: das IDDRI (Institut für nachhaltige Entwicklung und internationale Beziehungen)
schreibt in Bezug auf Transportmittel:

„Es fällt auf, dass wir mehr graue Energie für Transporte verbrauchen als direkte Energie [...].
Mit anderen Worten, wir verbrauchen weniger Energie, um uns in unseren einzelnen
Fahrzeugen zu bewegen, als wir Energie aufwenden zur Herstellung, zum Verkauf und zum
Transport (Bereitstellung) der von uns verwendeten Autos, Züge oder Busse. "

Ich werde nun einige konkrete Beispiele aufführen, um dem Leser die Möglichkeit zu geben,
selbst ein Verständnis für große oder kleine Mengen von grauer Energie, die sich in Projekten
verstecken, zu entwickeln.

Rufer und Braunschweig (2013) gingen von der Annahme aus, dass Photovoltaikanlagen etwa
185 kWh / m^2 Elektrizität erzeugen auf dem Schweizer Plateau. Für ein PV-Modul aus den
Philippinen bezifferten sie die in dessen Produktion investierte Energiemenge auf 887 kWh /
m^2 und für ein chinesisches PV-Modul auf 1257 kWh / m^2. Die Autoren schätzten, dass die
investierte Energie nach weniger als 5 Jahren "rückerstattet" sein würde. Diese Zahlen
entkräftigen den Vorwurf, dass Photovoltaikanalgen die für ihre Erzeugung benötigte Energie
nicht abdeckten.

Der Wirkungsgrad von Photovoltaikanlagen ist immer noch relativ gering. Wir könnten es
möglicherweise etwas besser machen, aber das ist eine andere Diskussion. Eine große

Ertragssteigerung, die ein "Warten" vor dem Beginn der Implementierung einer neuen Energieinfrastruktur rechtfertigen könnte, ist nicht zu erwarten.

12.1. Über Grössenordnungen

Ein Ansatz zum Verständnis der grauen Energie besteht darin, die in Herstellungsmaterialien enthaltenen grauen Energien zu betrachten. Ein Merkblatt aus Belgien (https://www.ecoconso.be/) gibt einen interessanten Überblick über Baumaterialien. Die Liste ist lang. Wir schauen uns hier nur einige wenige Werte an:

Graue Energie von Metallen:

Stahl: 60'000 kWh / m^3

Kupfer: 140'000 kWh / m^3

Zink: 180'000 kWh / m^3

Aluminium 190'000 kWh / m^3

Diese rohen Zahlen sprechen nur wenige Menschen an. Um sie konkreter zu machen, genügt es sich zu erinnern, dass 1 Liter Öl etwa 10 kWh Energie enthält.

Somit erhalten wir durch "Subtraktion einer Null" von den obigen Werten die entsprechenden Öläquivalente. Für die Produktion von 1 m^3 Aluminium benötigten Sie also die Energie von 19'000 Litern Öl. Und da 1 Liter verbranntes Öl 2,4 kg CO_2 erzeugt, entspricht die graue Energie von 1 m^3 Aluminium 45 Tonnen CO_2 ...

Wie verhält es sich mit dem Beton, der unsere Städte und Wasserinfrastruktur dominiert?

Poröser Beton (zellular): 200 kWh / m^3 graue Energie

Beton: 500 kWh / m^3 graue Energie

Stahlbeton: 1'850 kWh / m^3 graue Energie

12.2. Staudämme

Wenn wir „La Grande Dixence" betrachten, die imposanteste Wasserkraftanlage in unseren Alpen, die eine weltweite Referenz bleibt, dann schauen wir auf 5'960'000 m^3 Beton. Unter der Annahme, dass ein Teil armiert ist und mit einem Energieaufwand in der Größenordnung von

1000 kWh / m^3 hergestellt wurde, dann sprechen wir von fast 6.2 Milliarden kWh (6.2 TWh) grauer Energie, was etwa 640 Millionen Litern Öl entspricht.

Das Speichervolumen der Anlage beträgt 400 Millionen Kubikmeter. Ein m^3 Wasser, das in dieser Anlage turbiniert und in Elektrizität umgewandelt wird, entspricht etwa einem Liter Öl. Der gesamte Energiespeicher ist also äquivalent mit 400 Millionen Litern Öl, welche mechanische Energie erzeugen.

Somit wäre also weniger als das Doppelte des Wasservolumens hinter dem Damm erforderlich, um die Energieinvestition in die Anlage "zurückzugewinnen". Natürlich wurde nicht alles gezählt, aber die Größenordnung gibt eine ausreichende allgemeine Vorstellung.

Bieudron ist das grösste Kraftwerk im Grande Dixence Komplex, der eine Gesamtnennleistung von 2'000 MW ausweist. Betrachten wir nur Bieudron. Mit einer Nennleistung von 1'200 MW hält es einige Weltrekorde (die größten Peltonturbinen und die größte Förderhöhe zwischen Stausee und Ebene). Die potenzielle Leistung des Kraftwerks ergibt sich aus dem Produkt der Durchflussmenge und der Wasserdruckdifferenz:

$$\dot{E} = Q \cdot \Delta P \quad [W]$$

Wir können die Zeit schätzen, die benötigt würde, um den Stausee zu leeren, wenn das Kraftwerk mit voller Leistung laufen würde:

$$\Delta t = \frac{\Delta V \cdot \Delta P}{\dot{E}} = \frac{400 \cdot 10^6 \cdot 1000 \cdot 9.81 \cdot 1880}{1200 \cdot 10^6} = \textbf{71 Tage}$$

Dieses Ergebnis veranschaulicht mehr als alle Worte den unglaublichen Energieinhalt einer derartigen Anlage (und natürlich auch die Menge von grauer Energie, die in der Anlage drinsteckt).

Würde es sich lohnen, weitere solche Anlagen zu bauen? Meine Antwort lautet ja, aber sie muss unbedingt von einer Reflexion über Energie begleitet werden. Die Errichtung einer solchen Anlage erfordert eine riesige Menge an Energie. Sie könnte also nur noch gebaut werden, solange Energien mit sehr hoher Dichte wie eben das Erdöl, eingesetzt werden können. Nach den Vorgaben des Bundes wird das ab 2050 nicht mehr möglich sein. Dieselbe Überlegung gilt auch für andere Aspekte eines Umbaus des Energiewesens. Wir werden also nicht darum herumkommen, riesige Mengen von fossilen Brennstoffen zu verbrauchen, um unsere CO_2-neutrale Energieinfrastruktur zu verwirklichen.

12.3. Die Mobilität

Ein weiteres Beispiel, das jedem von uns vielleicht etwas näher ist: wieviel graue Energie steckt in unserer Flotte von hauptsächlich mit fossilen Treibstoffen angetriebenen Autos? Wieviel graue Energie würde in einer Flotte von Elektroautos stecken? Sato und Nakata (2020) berechneten, dass der Energieaufwand für die Herstellung eines Personenwagens etwa 41,8 MJ / kg beträgt. Für einen Kleinwagen mit einem Gewicht von etwa 1'200 kg wären dies 50,2 GJ (14'000 kWh). Im Jahr 2000 waren etwa 4,66 Millionen Motorfahrzeuge (ohne Mofas) in der Schweiz unterwegs (https://www.bfs.admin.ch/bfs/de/home/statistiken/mobilitaet-verkehr/verkehrsinfrastruktur-fahrzeuge/fahrzeuge.html; Zugriff: 27.04.2021). Wenn wir annehmen, dass alle Autos solche Kleinwagen sind, dann wäre die graue Energie, die in der gesamten Flotte steckte, 65,2 Milliarden kWh. Dies entspricht etwa 6,73 Milliarden Litern Öl oder etwa 28% des jährlichen Gesamtenergieverbrauchs der Schweiz. Der Nissan Leaf, einer der beliebteren elektrischen Kleinwagen, hat eine Lithium-Ionen-Batterie mit einer Kapazität von 24 kWh. Die graue Energie, die in einer solchen Batterie steckt, wurde von Yuan et al. (2017) auf 88,9 GJ (24'700 kWh) beziffert. Zählen wir vereinfachend die Energieaufwände für Kleinwagen und Batterie zusammen, dann erhalten wir 38'700 kWh. Wenn wir annehmen, dass unsere ganze Flotte aus solchen elektrischen Kleinwagen bestünde, dann wäre die graue Energie, die in dieser Flotte steckte, etwa 180 Milliarden kWh oder 18,6 Milliarden Liter Öl, oder etwa 78% des jährlichen Gesamtenergieverbrauchs der Schweiz. Dies entspricht auch etwa der 30-fachen grauen Energie, die in den Bau von Grande Dixence investiert wurde. Es wird angenommen, dass wir unsere Flotte alle 8-9 Jahre erneuern…

12.4. Energiedichte

Der Schlüssel zum Verständnis unserer Herausforderungen liegt in der Realisierung, dass ein tiefgreifender Paradigmenwechsel stattfinden muss. Öl, Gas und Uran haben eine unglaublich hohe Energiedichte, während die zur Verfügung stehenden erneuerbaren Energiequellen nur eine geringe Energiedichte aufweisen.

Ein Flugzeug ist ein Vogel. Es ist leicht und benötigt viel Kraft zum Abheben. Öl hat viel Energie, bleibt aber leicht. Wissenschaftlich würden wir sagen, dass es Energie mit hoher Massendichte entspricht, gemessen in J / kg. Zudem ist Öl nicht nur leicht, es nimmt auch wenig Platz ein: Im Flugzeug bleibt Platz für Passagiere, Gepäck oder Güter.

Ein Liter Öl wiegt weniger als 1 kg. Es enthält genügend Energie, um ein Gewicht von 1 Tonne auf eine Höhe von 1'400 Metern zu heben. Wir alle haben eine klare Vorstellung von einem Volumen von 1 Liter, gefüllt mit einer Substanz, die weniger wiegt als Wasser.

Stellen Sie sich nun vor, dass menschliche Massenenergie für die gleiche Arbeit benutzt würde. Männer verteilen die Masse von 1000 kg unter sich. Jeder trägt 50 kg. Gebraucht werden also 20 Männer. Mit einem Gewicht von 75 kg und einem Volumen von 75 Litern für jeden Mann (die Dichte des menschlichen Körpers ist vergleichbar mit der von Wasser) erhalten wir die folgenden Zahlen:

1 Tonne Material, die um 1'400 Meter angehoben wird, entspricht einer Energie, deren Volumen und Masse

1 Liter and 0.8 kg betragen im Fall von Öl, oder

1'500 Liter und 1'500 kg im Fall von Männern.

Sonne und Wind haben niedrige Energiedichten. Dies ist die grosse Herausforderung bei der Nutzung dieser erneuerbaren Energien.

12.5. Solarenergie:

In unseren Breitengraden liefert die Sonne jedes Jahr eine Energiemenge von ungefähr 1'250 kWh pro m^2 oder das Äquivalent von 125 Litern Öl. Um die graue Energie, die in den Bau von Grande Dixence investiert wurde zurückzugewinnen, müssten PV-Anlagen mit einer Fläche von 41 km^2 während eines ganzen Jahres arbeiten (bei 150 kWh / m^2).

12.6. Windkraft:

Bei Windkraftanlagen könnte die graue Energie, die für den Bau einer Anlage in der Größenordnung von 2 MW ausgegeben wurde, innerhalb von etwa 8 Monaten zurückgewonnen werden. Das ist die gute Nachricht.

Windkraft nutzt Energie aus der Luft. Als Maschinentyp oder Energieumwandlungssystem gleicht eine Windturbine der in den Alpen und an Flüssen verwendeten hydraulischen Turbomaschine. Der große Unterschied besteht darin, dass ein Fluid (Luft) ausgebeutet wird, dessen Dichte 850-mal niedriger ist als die von Wasser. Deshalb ist eine Windkraftanlage mit einer ansehnlichen Leistung riesig.

Zudem kann Luft nicht in Form von Druck genutzt werden. Alles in allem ist die Windkraftanlage also in etwa mit einem Flusskraftwerk vergleichbar.

Gehen wir von einem Wind aus, dessen Geschwindigkeit als „interessant" angesehen wird: 5 Meter pro Sekunde, was einer Geschwindigkeit 18 km / h entspricht. Das ist viel Wind. Sie möchten wahrscheinlich nicht an einem Ort leben, an dem der Wind immer mit dieser Geschwindigkeit weht.

Stellen Sie sich nun ein Windfenster vor, durch welches der Wind fließt, bevor er von einer Windkraftanlage ausgenutzt wird. Das Windfenster hat eine Fläche von 10 m^2.

• Die Windkraftanlage könnte eine Anlage mit horizontaler Achse sein, deren Durchmesser 3.6 Meter betragen würde. Zur Größenordnung: die Länge eines Blattes entspräche etwa dem Abstand zwischen den Händen eines Mannes, der seine Arme seitlich ausstreckt.

• Oder es könnte sich beispielsweise um eine Windkraftanlage mit vertikaler Achse (Typ Savonius oder Darrieus) handeln, die einem großen Anemometer gleicht, dessen Breite am Boden 2 m und dessen Höhe 5 m betragen würde.

Die im Wind enthaltene Kraft (kinetische Energie pro Sekunde), die durch das definierte Fenster geht, wäre:

$$\dot{E} = \dot{M} \cdot \frac{C^2}{2} = \left(\rho \cdot \dot{V}\right) \cdot \frac{C^2}{2} = \left(\rho \cdot [C \cdot S]\right) \cdot \frac{C^2}{2} = \rho \cdot S \cdot \frac{C^3}{2} \quad [W]$$

ρ ist die Dichte der Luft. Sie variiert nicht wirklich. S ist die Fenstergrösse (10 m^2). C ist die Windgeschwindigkeit.

Wir erhielten eine Leistung von 750 W. Diese Kraft wäre allerdings nicht vollständig ausnutzbar. Einfach ausgedrückt, wenn wir diese Kraft vollständig nutzen könnten, würde die Luft hinter der Windkraftanlage still stehen ... und sich ansammeln? Bis alle Luft vor der Turbine angesaugt ist? Es entstünde auch ein Rückgang der Luftdichte. Albert Betz berechnete 1926, dass die maximal nutzbare Leistung 16/27 oder etwa 59% beträgt.

Es wäre also physikalisch unmöglich, mehr als 750 x 0,59 = 443 W (bei einem Fenster von 10 m^2 und einem Wind von 18 km / h) zu extrahieren.

Wie aus der untenstehenden Abbildung ersichtlich, können große Windkraftanlagen mit horizontaler Achse einen Wirkungsgrad von etwa 48% erreichen. Ein Darrieus kann 40% erreichen, und ein Savonius toppt bei 15%. Zur Allgemeinbildung: eine amerikanische Mühle erreicht 30% und niederländische Mühlen rund 28%.

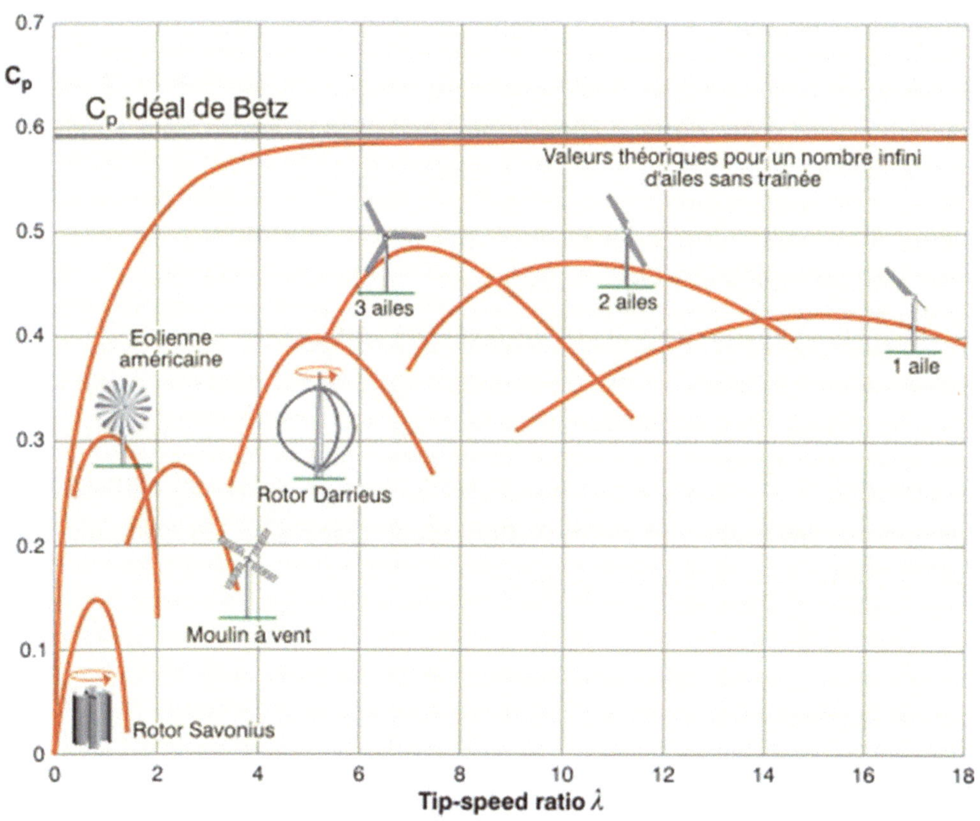

https://energieplus-lesite.be/wp-content/uploads/2019/03/TP_Tip_speed_ratio_diff_eoliennes.gif

Für eine Windkraftanlage der eben erwähnten Grösse, die auf einem Hausdach oder in einem Garten installiert ist, können wir schätzen, dass bei einem vernünftigen Wirkungsgrad von 35% 262 W Leistung zur Verfügung stehen würde. Wenn sich der Wind verdoppeln würde, würde die Leistung auf 2100 W hochschnellen. Und leider, wenn der Wind um die Hälfte einbrechen würde, bekämen wir nur noch 33 W. Hin und wieder windet es überhaupt nicht.

Zur Veranschaulichung: eine Windkraftanlage mit einem Fenster von etwa 70 m² (Durchmesser von 10 m) würde benötigt, um einen zur Zubereitung von Tee verwendeten elektrischen Wasserkocher (1'800 W) anzutreiben ... Oder, um einen Haushalt mit zwei Kindern in einer 2000-Watt Gesellschaft zu unterstützen: auch wenn nur ein Zehntel der Energie von einer Windkraftanlage stammen würde, müsste eine Anlage mit einem etwa 40 m² grossen Fenster installiert werden.

Auf die Photovoltaik angewendet: wenn die jährliche Energiemenge, die von einer PV-Anlage produziert wird, 150 kWh / m² beträgt, dann ist die Leistung der Anlage 17.12 W / m². Es ist dieser Wert, der einen direkten Vergleich mit der Produktion einer Windkraftanlage erlaubt. Es errechnet sich, dass eine PV-Fläche von etwa 105 m² benötigt würde, um den erwähnten Wasserkocher anzutreiben.

Die grossen Leistungsschwankungen der Windkraftanlagen stellen ein schwer zu lösendes Problem dar. Falls man kein „peak shaving" betreiben will (wobei ein Grossteil der Produktion vernichtet wird), dann muss die produzierte fluktuierende Strommenge einem Netz zugeführt werden. Wenn wir davon ausgehen, dass der Stromverbrauch konstant ist und eine Windkraftanlage daran angeschlossen ist, muss unbedingt etwas hinzugefügt werden, das dem Netz "Stabilität" verleiht. Dieses Etwas müsste rasch auf Produktionsschwankungen reagieren können. Leider kommt dafür fast nur der Verbrennungsmotor oder die Gasturbine in Frage. Dieses Problem wurde anfänglich nicht erkannt. Es war erst die massive Installation von Windkraftanlagen in einigen Ländern, die einen Anstieg der CO_2-Emissionen offenbarte... Jeder Windstandort ist anders. Es wird jedoch davon ausgegangen, dass ein stabiler und etablierter Windstandort nur etwa 20% reine Windkraft erzeugt. Der Rest (80%) stammt von den "Motoren", die notwendig sind, um Lücken zu füllen.

13. Literatur Kapitel 12

Rufer D., Braunschweig A. (2013) Ökobilanz von Solarstrom. www.e2mc.com◊Projekte ◊Publikationen ◊Ökobilanz von Solarstrom

Bundesamt für Energie BFE (2013) Schweizerische Elektrizitätsstatistik 2012. BBL, Verkauf Bundespublikationen, Bern

Internationale Energieagentur (2002) Potenzial für gebäudeintegrierte Photovoltaik; Bericht IEA-PVPS T7-4; www.netenergy.ch/pdf/BipvPotentialSummary.pdf

Akademien der Wissenschaften Schweiz (2012) Zukunft Stromversorgung Schweiz; www.akademien-schweiz.ch/index/Publikationen/Berichte.html

Gunzinger A. (2013) Kann sich die Schweiz mit Strom aus nur sichtbarer Energie selbst verwalten? www.electrosuisse.ch/de/verband/etg/etg-rueckblicke/131204-energieeffizienz.html

Merkblatt SIA 2032 (2009) Graue Energie im Fokus, SIA Verlag, Zürich

Itten R., Frischknecht R., Stucki M. (2013) Lebenszyklusinventare von Strommischungen und -netzen. ESU-Dienste, Uster

Datenblätter Solar-Modul von SunPower (2013). www.sunpowercorp.de

Internationale Technologie-Roadmap für Photovoltaik, Ergebnisse 2012. www.itrpv.net

Frischknecht R., Steiner R., Jungbluth N. (2009) Methode der ökologischen Knappheit – Ökofaktoren 2006. Bundesamt für Umwelt, Bern

PV-Zyklus (2013) Recycling von PV auf Siliziumbasis. http://www.pvcycle.org/pv-recycling/recycling-of-si/

Fraunhofer ISE (2013) Stromgestehungskosten Ern euerbare Energien. www.ise.fraunhofer.de

Energieverordnung EnV (Stand am 1. Januar 2014) Systematische Rechtssammlung SR 730.01, www.admin.ch

Rasonyi P. (24.10.2013) Hastige Renaissance der Kernenergie. NZZ Nr. 247, Seite 9

Andersson G., Boulouchos K., Bertschinger L. (2011) Energiezukunft Schweiz. Energy Science Center, ETH Zürich

Vorläufige Schätzung von Swissolar, dem Schweizerischen Verband der Solarenergiefachleute, vom März 2014. Die endgültige Fassung der "Volkszählung des Solarmarktes 2013" wird im Sommer 2014 verfügbar sein.

Bucher Ch. (2012) erhöhte eines hohen Photovoltaikanteils auf das Niederspannungsnetz. Nationale Photovoltaik-Tagung 2012, Baden

Bundesministerium für Wirtschaft und Technologie (2013) Energiedaten: Gesamtausgabe. www.bmwi.de

Sato F.E.K., Nakata T. (2020) Energy consumption analysis for vehicle production through a material flow approach. Energies 13, 2396

Yuan C., Deng Y., Li T., Yang F. (2017) Manufacturing energy analysis of lithium ion battery pack for electric vehicles. Manufacturing Technology 66, 53–56

<u>Weitere Referenzen:</u>

https://www.bfe.admin.ch/bfe/fr/home/suche.html#grise

www.swissdams.ch

www.grande-dixence.ch

Stahlbeton:

www.ecoconso.be

Konkrete Daten. https://www.toutsurlebeton.fr/le-ba-ba-du-beton/masse-volumique-du-beton-et-de-ses-constituants/

Windausbeute:

https://energieplus-lesite.be/wp-content/uploads/2019/03/TP_Tip_speed_ratio_diff_eoliennes.gif

Graue Energie:

Chancel L., Pourouchottamin P., „Graue Energie: das verborgene Gesicht unseres Energieverbrauchs", Policy Brief, Institut für nachhaltige Entwicklung und internationale Beziehungen, Nr. 04/13, April 2013 (online lesen [Archiv], abgerufen am 25. März 2018)

https://jancovici.com/publications-et-co/articles-de-presse/pour-un-bilan-carbone-des-projets-dinfrastructures-de-transport/

Windräder:

https://www.theguardian.com/environment/blog/2012/jan/09/wind-turbines-increasing-carbon-emissions

14. Die Autoren

Richard Voellmy

Literargymnasium Zürich; Studium der Naturwissenschaften an der ETH Zürich; 1971 Diplom; 1975 Doktorat am Institut für Microbiologie der ETHZ; 1975-78 Forschungsaufenthalt an der Harvard Medical School, Boston (Dept. of Physiology); 1978-82 Forschungsaufenthalt an der Universität Genf (Département de biologie moléculaire); 1982 Assistant Professor an der

University of Miami (Miller) School of Medicine; 1987 Promotion zum Professor; 2004 Emeritierung. 1994 Juris Doctor (University of Miami); seit 1994 Mitglied der Anwaltskammer von Florida; seit 1997 U.S. Patentanwalt.

Akademische Forschung im Gebiet der molekularen Mechanismen der zellulären Antwort auf physiologischen oder pathologischen Stress (ausgelöst etwa durch Hitze/Fieber, Intoxikation, Medikamente, Pathologien und Sport). Unterstützt wurden die Arbeiten vom U.S. National Institute of Health (NIH). Insgesamt zeichnet Hr. Voellmy für 113+ wissenschaftliche Publikationen z.T. in führenden Zeitschriften wie Cell, Science, Nature, Nucleic Acids Res., Mol. Cell. Biol., Proc. Natl. Acad. Sci. USA, J. Biol. Chem. und J. Virol.

Industrie: 1990 Mitgründer von StressGen Biotechnologies Corp., B.C., Kanada (TSX: SSB), von 1995-99 Vice President. 1999-2000 Directeur, Debiopharm SA, Lausanne (auf Urlaub von der University of Miami).

Nach seiner Emeritierung von der University of Miami School of Medicine kehrte Hr. Voellmy in die Schweiz zurück und begann die von ihm gegründete Firma HSF Pharmaceuticals SA (www.hsfpharma.com) als Vehikel für die Fortsetzung seiner Forschungen zu benutzen, welche er in Zusammenarbeit mit ausgewählten internationalen akademischen Partnern und Partnern in der Industrie durchführt. Beim gegenwärtig wichtigsten Projekt geht es um die Entwicklung einer neuartigen Impftechnologie (Fokus: Grippe), welche im Vergleich zu konventionellen Technologien höhere Wirksamkeit und einen breiteren Impfschutz verspricht.

Olivier Zürcher

Geboren in Biel in 1970 verfolgte Olivier Zürcher eine Ausbildung zum Maschineningenieur an der ETH Lausanne, die er mit verschiedenen Arbeiten über hydraulische Turbomaschinen abschloss. Darauf begann er seine Doktorarbeit auf dem Gebiet des Wärmetransfers und der Thermodynamik. Er schloss seine Doktorarbeit 2000 erfolgreich ab. Die Resultate seiner Forschung wurden in 8 wissenschaftlichen Zeitschriften publiziert. Im Bereich der Dimensionierung von grossen Kühleinheiten sind seine Arbeiten auch heute noch immer international anerkannt.

Nach seiner akademischen Tätigkeit wechselte Hr. Zürcher in die Industrie. Dort beschäftigte er sich mit Pumpen und hydrostatischen Motoren. Seine Arbeiten resultierten in einer Publikation, welche die Industriebranche inspirierte und zur weiteren Verwendung seiner Ansätze führte.

2003 wurde er zum Professor an der Ecole d'ingénieurs et d'architectes de Fribourg ernannt, wo er Thermodynamik, Energetik und Wärmetransfer lehrte. Während dieser Tätigkeit war es ihm ein Anliegen, die Ausbildung seiner Studenten mit Übungen, die sich auf reale Situationen bezogen, zu vertiefen. Seine Forschung umschloss mehr als 40 Projekte, die sich mit verschiedenen Energieproblemen beschäftigten, insbesondere mit der möglichen Nutzung von Mikroalgen.

Seit 2015 arbeitet Hr. Zürcher selbständig und gründete 2018 seine Firma Watt4U. Gegenwärtig ist er als Konsulent und Experte in den Bereichen Flüssigkeiten und Energie für staatliche Stellen und die Industrie (auch im Pharma- und Gebäudesektor) tätig.

3. Introduction

Le public est sensibilisé à la problématique du réchauffement climatique. C'est grâce aux ONG, à divers groupes de scientifiques et de personnes sensibilisés, et aux partis politiques. Beaucoup sont convaincus que la combustion de combustibles fossiles et les émissions de gaz à effet de serre associées (98% de dioxyde de carbone ou de CO_2) sont principalement responsables de l'élévation générale de température observée. Il est donc demandé que l'utilisation des combustibles fossiles soit abandonnée le plus rapidement possible. Dans l'Accord de Paris de 2016, 197 États ont convenu de prendre des mesures pour maintenir le réchauffement climatique bien en dessous de 2°C par rapport aux niveaux préindustriels. Cet accord a été ratifié par 180 pays dont la Suisse (05.11.2017). Début 2020, l'UE a adopté le soi-disant « pacte vert pour l'Europe ». Selon cette directive, l'Europe ne devrait plus émettre de gaz à effet de serre en 2050, c'est-à-dire au moins être neutre en CO_2. La loi suisse sur le CO_2 de 2011 et la loi sur l'énergie de 2016 prévoient des réductions de la consommation d'énergie d'ici 2035. En outre, après Fukushima, le Conseil fédéral, appuyé par le parlement, a interdit la concession pour la construction de nouvelles centrales nucléaires. Cette interdiction a été intégrée dans la loi sur l'énergie de 2016. En août 2019, le Conseil fédéral (et non le peuple) a arrêté un nouvel objectif climatique pour 2050. D'ici là, la Suisse devrait réduire ses émissions de gaz à effet de serre à zéro net. Le nouveau « plan climat » des Verts veut voir cet objectif atteint d'ici 2040. Le mouvement de grève pour le climat exige dans son plan d'action climatique que nous soyons prêts d'ici 2030.

Tous proposent un catalogue similaire de solutions possibles. Personne ne semble disposé à discuter de manière globale de l'ampleur réelle des difficultés à surmonter. Bien sûr, j'ai également regardé le nouveau rapport succinct « Energy Perspectives 2050+ » de l'Office fédéral de l'énergie (OFEN), qui présente des scénarios holistiques. Malheureusement, celui qui ne peut pas y passer des mois ne peut pas comprendre comment les résultats ont été obtenus. Personne ne semble avoir proposé de plan précis et bien fondé sur la manière dont l'objectif doit être atteint. Ce qui distingue les acteurs, c'est surtout l'urgence de leurs revendications.

J'ai l'impression d'avoir passé des années dans un marécage d'informations. C'est pourquoi je souhaite maintenant clarifier pour moi-même les dimensions des problèmes qui devraient être surmontés pour atteindre la neutralité CO_2 d'ici 2050. J'essaierai également de mieux comprendre le potentiel des différentes technologies proposées qui pourraient aider à résoudre le problème. Je suis un spécialiste des sciences naturelles, donc pas un « expert en énergie ». Cependant, en me fondant sur ma compréhension générale de la science et de la technologie, je me suis familiarisé avec la question et je crois maintenant que je suis en mesure de faire des considérations fondamentales. Mon co-auteur, Olivier Zürcher (ingénieur en mécanique et thermodynamicien) s'est donné pour mission principale de parcourir mes chapitres et de m'empêcher de glisser. Il a également apporté ses propres idées.

Les nombres parlent souvent un langage plus clair que les mots. C'est pourquoi je travaille beaucoup avec les nombres dans les chapitres 4 à 6. Ces chiffres sont faciles à comprendre. Il ne s'agit pas de calculs de modèles détaillés et complexes. J'essaye de me limiter aux influences dominantes. En matière de chauffage et d'eau chaude, par exemple, je néglige les relativement peu de bâtiments neufs ou entièrement rénovés. Quand je pense à la mobilité, je me fiche de la contribution des véhicules électriques déjà en circulation. Vous pourrez suivre facilement mes pas.

Si vous n'êtes pas habitué à la notation scientifique, 10^1 vaut 10, 10^2 vaut 100, 10^3 vaut 1'000 et 5×10^3 vaut 5'000. K (kilo) signifie $\times 10^3$, M (méga) signifie $\times 10^6$, G (giga) signifie $\times 10^9$ et T (tera) $\times 10^{12}$. KW (kilowatt) est une unité de puissance, et kWh (kilowattheure) et J (joule) sont des unités d'énergie.

Quand je me réfère à des groupes d'acteurs spécifiques (politiciens, législateurs, historiens), je n'utilise que la forme masculine pour ne pas nuire au flux de lecture. La forme féminine est également désignée.

Le texte original est en allemand. Pour toute mise en doute et différence malencontreuse entre les deux versions, le lecteur est prié de se référer à la version allemande qui fait foi.

Dans la version française, l'ensemble des calculs est omis pour ne présenter que les résultats finaux.

4. Les hypothèses générales

Je suppose que nous connaissons déjà les technologies qui peuvent être utilisées pour parvenir à une économie énergétique neutre en CO_2 d'ici 2050. Revenons 30 ans en arrière. À l'époque, il y avait déjà Internet, la mobilité électrique, les piles à combustible, le couplage chaleur-force, etc. Les cellules photovoltaïques étaient connues depuis longtemps et étaient notamment utilisées dans l'espace. Seul le téléphone portable n'existait pas encore.

Selon le Conseil fédéral, la Suisse devrait être neutre en CO_2 d'ici 2050. « Neutre en CO_2 » signifie sans aucune influence sur la teneur en CO_2 de l'atmosphère. Il n'y a aucune logique à essayer d'atteindre cet objectif dans une large mesure en investissant dans des projets de réduction des émissions à l'étranger. Si nous supposons que la plupart des pays adhéreront aux directives climatiques de Paris, alors à un moment donné, nous ne serons plus en mesure de trouver des projets étrangers appropriés. En outre, la stratégie a tendance à être contre-productive car elle ne crée aucune incitation à la restructuration interne nécessaire et diminue son urgence. Nous devrions nous aussi être neutres en CO_2 d'ici 2050. Si, d'un autre côté, nous pensons que presque personne n'adhèrera à l'accord de Paris, alors le projet de rendre la Suisse neutre en CO_2 avec le plus d'efforts possible serait tout à fait absurde. La Suisse n'est responsable que d'une infime partie des émissions mondiales de CO_2.

On pourrait être tenté de se passer de cet effort. Une grande partie de l'électricité supplémentaire requise pourrait être importée. Il n'est pas impossible qu'une telle stratégie puisse fonctionner. Qui peut prédire à quoi ressemblera le monde dans 30 ans ? Cependant, nous devons garder à l'esprit que nos pays voisins auront des problèmes similaires à ceux que nous avons avec la transition vers une industrie énergétique neutre en CO_2. Il n'y aura de l'électricité à acheter qu'en cas de surplus à l'étranger. L'existence de tels excédents dépendra de facteurs économiques et politiques sur lesquels nous ne pourrons guère influencer. Cela dépendra également des technologies utilisées à l'étranger si elles se produisent plus en hiver ou plus en été. En fonction du lieu de production, les pertes de transmission joueront également un rôle limitatif. Il est tout aussi imprévisible que les sources d'énergie renouvelables telles que la biomasse, le bois ou les biocombustibles soient disponibles dans les quantités requises. Ce ne serait donc pas une stratégie responsable de s'appuyer sur des achats massifs d'électricité et d'énergies renouvelables à l'étranger.

Mon hypothèse centrale est donc que l'utilisation de tous les combustibles fossiles devrait être arrêtée (dans la mesure du possible) et compensée au niveau national pour se rapprocher de la neutralité en CO_2. Il s'agirait donc de remplacer toute la production d'électricité d'origine fossile et, comme nous le voulions, toute la production d'électricité nucléaire. En outre, toute la mobilité et toute la production de chaleur pour le chauffage des locaux et l'eau chaude devraient être alimentées par des énergies renouvelables domestiques. Chacun de ces secteurs devrait devenir 100% sans CO_2. Dans certains secteurs industriels (par exemple la production de ciment ou d'acier), la décarbonation sera difficile à gérer et des technologies de « captage du CO_2 » devront probablement être utilisées. Au moins pour les sources ponctuelles, ces technologies sont raisonnablement comprises.

Je n'ai pas considéré les puits de carbone non localisés. Il semble extrêmement incertain de savoir si des technologies adaptées à l'élimination à grande échelle du CO_2 de l'atmosphère seront disponibles. De plus, l'élimination du CO_2 de l'air devrait être opérée avec de l'énergie renouvelable, ce qui serait rare. Je n'ai pas non plus considéré le boisement comme un puits de carbone, en supposant qu'il ne pourrait pas apporter une contribution significative dans notre pays densément peuplé. De plus, le boisement des terres agricoles devrait être compensé par des importations alimentaires supplémentaires, c'est-à-dire que nous continuerions à acheter notre réduction de CO_2 à l'étranger.

Je vais donc essayer de comprendre comment nous pourrions être à peu près neutres en CO_2 en 2050. Dans mes évaluations, je me limite essentiellement aux aspects techniques, donc je suppose que les besoins et le comportement des gens ne changeront pas.

L'idée semble prévaloir que les émissions de CO_2 devraient diminuer continuellement jusqu'à ce qu'elles atteignent zéro en 2050. En fonction des mesures prises (et de « l'énergie grise » à dépenser), les émissions ne diminueront que lentement ou pas du tout. Tout au plus pourraient-elles même augmenter entre-temps. Il faudra peut-être l'accepter pour atteindre l'objectif en 2050. Je ne traite pas en détail des objectifs intermédiaires ici, mais je regarde principalement le statut actuel en 2019 et le statut de la cible.

4.1. Énergie solaire

L'énergie solaire peut être exploitée sous forme photovoltaïque (PV) et thermique (T). Je considère que cette dernière (énergie thermique des capteurs solaires) est d'une importance secondaire. Une raison importante à cela est que toutes les surfaces de bâtiment appropriées sont sollicitées par le photovoltaïque dans les scénarios envisagés. L'énergie solaire thermique concurrencerait donc le photovoltaïque polyvalent. L'utilisation de la technologie hybride PV-T (discutée plus loin) est envisageable, mais elle n'apporterait que de modestes avantages supplémentaires.

4.2. Chaleur environnementale, y compris l'énergie géothermique

La "chaleur environnementale" au sens large est principalement utilisée pour le chauffage géothermique et la production d'eau chaude. En plus de l'énergie géothermique peu profonde, les lacs et les rivières peuvent et sont également utilisés thermiquement. La conversion à la géothermie (ou technologies analogues) est expressément prise en compte dans les explications suivantes, car il s'agit d'une technologie de chauffage extrêmement efficace en termes d'énergie. J'exclus l'énergie géothermique profonde, car il n'est pas certain aujourd'hui, que cette technologie puisse un jour être exploitée à grande échelle.

4.3. Energie éolienne

À ce jour, 37 éoliennes ont été mises en service. Le fait que si peu de systèmes aient été construits à ce jour est lié à leur faible niveau d'acceptation sociale. La stratégie énergétique 2050 prévoit la construction de 800 à 900 machines. Un système moyen produit environ 6 GWh d'électricité (par an). Les systèmes prévus produiraient donc environ 5,1 TWh. L'Office fédéral de l'énergie (OFEN) et l'Association des entreprises suisses d'électricité (VSE) prévoient 2-4 TWh. Comme il ressort de ce qui suit, cela correspondrait à une part assez faible de la quantité d'électricité supplémentaire requise.

4.4. Énergie issue des déchets organiques, du bois et du charbon de bois

L'utilisation de ces sources d'énergie a déjà lieu aujourd'hui. Les déchets organiques sont plus ou moins complètement incinérés et la majeure partie de l'énergie libérée est utilisée pour sa chaleur. Il y a donc relativement peu de potentiel inexploité (à moins que la production de déchets n'augmente). Selon la Fondation suisse de l'énergie (SES), la combustion du bois a fourni 8,5 TWh d'énergie en 2017, dont 95% sous forme de chaleur (http://www.energiestiftung.ch/publikation-e-und-u/energie- und-umwelt-2 -2017 -please-turn.html ; accès: 17/02/2021). Le SES estime que cette source d'énergie pourrait produire 50% de plus, soit 4,25 TWh. Ce serait une contribution décente mais pas décisive à la quantité supplémentaire d'énergie renouvelable requise. Avec une introduction cohérente de l'énergie géothermique ou de technologies similaires pour la production de chauffage des locaux et d'eau chaude, l'excès de bois de chauffage pourrait être utilisé pour une production d'électricité efficace. De cette manière, le bois pourrait indirectement servir de réserve d'électricité hivernale.

5. Calculs globaux

5.1. Production d'électricité renouvelable - remplacement de l'électricité fossile ou nucléaire

Selon l'OFEN, la consommation annuelle d'électricité en Suisse (2019) était de 205'910 TJ (Statistique globale suisse de l'énergie 2019 ou GESt 2019), correspondant à

5.72×10^{10} kWh.

Nous conserverons l'hydroélectricité qui, selon l'OFEN, couvre 56,4% des besoins en électricité (sur la base du mix de production comme indiqué dans les Statistiques suisses de l'électricité 2019 (ESt 2019)). Une petite quantité d'électricité, mais non négligeable, est également produite à l'aide de sources d'énergie renouvelables. Seule la quantité d'électricité produite par les centrales nucléaires et les centrales électriques utilisant des combustibles fossiles devrait être remplacée. Ainsi, seuls 37,8% de l'électricité consommée aujourd'hui devraient être générés alternativement, c'est-à-dire

$2{,}16 \times 10^{10}$ kWh.

Une surface photovoltaïque (PV) de 1 m² produit environ 100 à 150 kWh d'électricité par année sous nos latitudes. En 2015, l'OFEN a calculé un chiffre annuel de 106 kWh/m² (mentionné dans Ferroni et Hopkirk, 2016). Basé sur une estimation que j'ai trouvée sur https://www.energieberatungbern.ch/wp-content/uploads/2017/08/20131206_EB_Doku_ Photovoltaik_.pdf (Accès: 05/11/2021), j'obtiens les résultats suivants.

1250 kWh/m²	x	0.14*	x	0.85	=	149 kWh/m²
Ensoleillement moyen annuel		Efficacité moyenne d'un module PV polycristallin		Rendement de l'installation PV		Production d'électricité PV annuelle moyenne

*https://www.solaranlage-ratgeber.de/photovoltaik/photovoltaik-technik/photovoltaik-module-im-vergleich (letzter Zugriff: 29.05.2021). L'efficacité moyenne d'un module monocristallin est de 0,17 selon cette publication (production d'électricité : 181 kWh / m²).

Par "efficacité", on entend l'efficience.

Je m'en tiendrai à la valeur supérieure de **150 kWh / m²**. Le choix de cette valeur est crucial pour nos calculs. J'ai donc essayé d'autres moyens pour obtenir une valeur raisonnable. Une étude réalisée en 2019 par Thomas Vontobel (TNC Consulting) estime le rendement des installations photovoltaïques suisses existantes à 1'015 kWh / kWp. (Les valeurs utilisées auparavant étaient d'environ 950 kWh.) La puissance électrique normalisée des modules solaires est généralement indiquée en kWp (kilowatt crête). Par ailleurs, l'étude a également révélé que la dégradation annuelle du rendement des systèmes n'était que de 0,2 à 0,3 %. A partir des données techniques des distributeurs de modules PV, j'ai pu calculer les valeurs kWp / m². Les valeurs moyennes étaient de 0,17 pour les panneaux monocristallins et de 0,15 pour les panneaux polycristallins.

Production d'électricité pour les panneaux polycristallins :

0,15 kWp / m² x 1,015 kWh / kWp = 152 kWh / m² (pour le monocristallin : 173 kWh / m²). Walch et al. (2020) (voir ci-dessous) ont utilisé une valeur de 163 kWh / m².

La superficie des modules PV nécessaire pour compenser la consommation d'électricité fossile et nucléaire serait de **144 km²**.

Supposons que l'énergie photovoltaïque produite principalement pendant le semestre d'été (environ 75%) devrait être distribuée sur toute l'année. Environ un tiers de l'électricité produite au cours des 6 mois d'été devrait donc être stocké. Dans mes calculs, j'ai utilisé la valeur plus précise de 73% pour la production estivale (rapport final du 25 janvier 2021 de « Studie Winterstrom Schweiz – Was kann die heimische Photovoltaik beitragen » (OFEN)). La forme de stockage est importante car les pertes de stockage devront être compensées par une production plus élevée. La solution la plus avantageuse en termes d'énergie serait d'utiliser des barrages et les centrales de pompage-turbinage. Supposons qu'environ un quart (23%) de l'électricité photovoltaïque doive être stocké et admettons un rendement global des centrales à accumulation par pompage-turbinage d'environ 70 à 80%, cela augmenterait la quantité d'électricité à produire à **2,28 x 10¹⁰ kWh**, soit une surface PV de **152 km²**.

L'OFEN a apparemment calculé avec un certain optimisme que la superficie de tous les toits de bâtiments suisses est de 439 km², dont 71,6%, soit 314 km², sont adaptés à l'installation de systèmes photovoltaïques (« toits solaires »). Une étude plus récente de l'ETH et de l'Université d'Oxford a estimé la superficie des toitures à 267 km², dont 56,4%, soit **151 km²**, pourraient être utilisés pour le photovoltaïque (Walch et al.2020). L'étude révèle également que la majorité des articles plus anciens ont fourni des chiffres similaires. Donc, si nous couvrions tous les toits de panneaux solaires, nous pourrions théoriquement remplacer l'électricité produite par les centrales nucléaires et les centrales utilisant des combustibles fossiles.

5.2. Mobilité

Une sorte de mouvement pris aujourd'hui pour vérité veut que nous devrions passer à l'électromobilité pour devenir neutre en CO_2. Nous ne disposons tout simplement pas de l'électricité nécessaire pour le faire. Celle-ci devrait être générée par l'énergie photovoltaïque.

La consommation d'essence (calculée en équivalents énergétiques) était de 97'210 TJ et celle de diesel 116'060 TJ en 2019 (GESt 2019). De plus, 81'090 TJ de carburant ont été utilisés pour l'aviation. La consommation totale d'essence et de diesel était donc de 213'270 TJ. Je laisse de côté la consommation de l'aviation dans cette considération, car les carburants d'aviation provenant de sources renouvelables sont encore au stade de développement. On ne sait donc toujours pas quelles ressources renouvelables devraient être utilisées pour la production, où la production pourrait avoir lieu et qui exploiterait cette production. Le développement de soi-disant « biocarburants d'aviation » à base d'huiles végétales semble être le plus avancé (O'Connell et al. 2019). Ces carburants seraient probablement produits dans des pays à production agricole à grande échelle.

Selon une publication de l'agence américaine EPA, l'efficacité énergétique des véhicules électriques est supérieure à 77% («tank-to-wheel efficiency»). Dans le cas des moteurs à essence, le rendement n'est que de 12 à 30% (21%). L'efficacité des véhicules à moteur diesel a été estimée à environ 22,5% (dans Hjelkrem et al.2020). Les véhicules électriques sont donc environ 3,5 fois plus efficaces que les véhicules à essence ou diesel.

[A ce propos, un facteur similaire est obtenu avec des données du monde réel. Les voitures particulières nouvellement immatriculées en Suisse en 2019 avaient une consommation moyenne de 6,18 litres d'essence ou d'équivalents essence par 100 km (https://www.admin.ch/gov/de/start/ dokumentation / medienmitteilungen. Msg-id-79705. html; consulté le 27 avril 2021). Cela correspond à 6,18 x 8,7 kWh / 100 km = 53,8 kWh / 100 km. Un véhicule électrique moyen consomme 16,5 kWh / 100 km (https://www.energie-gedanken.ch/2019/ein-elektroauto-verbrauch-gleich-viel-energie-wie-die-eisenbahn/; Accès: 27 avril 2021). Selon cette estimation, un véhicule électrique est 3,3 fois plus efficace qu'un véhicule à essence.]

Le besoin énergétique d'une mobilité électrique aussi intense que la mobilité actuelle demanderait **1,69 x 10^10 kWh**.

La surface supplémentaire de modules PV requise pour permettre cette mobilité serait de **113 km²**.

En tenant encore compte du stockage saisonnier pour satisfaire les besoins hivernaux (utilisant des barrages et les centrales de pompage-turbinage), il faut augmenter la surface pour arriver à **119 km²**.

5.3. Chauffage et préparation d'eau chaude

Le consensus général tend à vouloir remplacer tous les systèmes de chauffage et d'eau chaude au mazout et au gaz au profit de systèmes géothermiques (ou d'autres systèmes qui exploitent le même principe). Cependant, nous n'avons pas non plus l'électricité pour cela. Cela devrait être généré au moyen du photovoltaïque.

Le GESt 2019 montre la consommation de combustibles pétroliers à 112'310 TJ et celle de gaz à 115'200 TJ. Par souci de simplicité, je suppose ici que ces combustibles sont principalement utilisés pour le chauffage et la production d'eau chaude. Cela donne 6,34 x 10^10 kWh.

La référence pour l'efficacité énergétique des pompes à chaleur (dans les systèmes géothermiques et analogiques) est leur coefficient de performance annuel (COP_a), qui indique le rapport entre la « production de chaleur » et la consommation d'électricité. Lorsqu'il est utilisé de manière très efficace, le COP_a peut atteindre environ 4,5.

En reprenant le chiffre ci-dessus, la demande électrique pour compenser les chauffages aux énergies fossiles serait de 1,41 x 10^10 kWh.

Contrairement à la mobilité, l'énergie pour le chauffage des bâtiments n'est pas consommée sur toute l'année, mais presque exclusivement pendant la période hivernale. Un scénario d'horreur pour l'utilisation de l'énergie solaire. Plus de 80% des bâtiments sont des bâtiments anciens construits avant 2000 (et plus de 60% avant 1980), dont la plupart sont probablement relativement mal isolés. Sur la base d'une « fiche d'information » de la Conférence des directeurs cantonaux de l'énergie (2014), j'ai pu lire qu'en 2013, 85% de l'énergie utilisée pour la production de chaleur était en moyenne destinée au chauffage des locaux et 15% à l'eau chaude (confirmé par la lecture de sources plus récentes ; j'ai trouvé un chiffre légèrement plus élevé de 17% pour 2017 dans le rapport « Consommation d'énergie dans les ménages privés 2000-2017 » de l'OFEN). Étant donné que les rénovations totales et les nouveaux bâtiments ne deviennent que lentement visibles dans les statistiques, il n'est pas surprenant que j'aie trouvé à peu près les mêmes chiffres pour l'année 2000. Nous devrions donc disposer de 92,5% de l'énergie nécessaire au chauffage et à l'eau chaude sanitaire pendant la moitié d'hiver de l'année. Sur les 73% de l'électricité PV produite au cours du semestre d'été, 90% devraient être stockés.

Après avoir pris en compte les pertes dans le stockage de pompage/turbinage de l'électricité PV d'été excédentaire, cela demanderait **1,63 x 10^{10} kWh** ou **109 km^2** de surface PV.

5.4. Résultat global

En tenant compte du remplacement de l'électricité actuelle d'origine nucléaire ou fossile (152 km^2), des besoins d'un parc de véhicule uniquement électrique (119 km^2) et de chauffages par pompes à chaleur (109 km^2), on arrive à une **surface photovoltaïque de 380 km^2**.

380 km^2 représentent presque 10 fois la superficie du lac de Bienne ou plus que la superficie de la partie suisse du lac Léman.

5.5. Mesures d'économie

Qu'en est-il des mesures visant à réduire la gigantesque superficie des modules PV de 380 km^2? Supposons qu'au total, tous les systèmes électriques utilisés dans les ménages (éclairage, ventilation, appareils, réfrigérateurs, télévision, ordinateurs, etc.) ne consommeront qu'environ la moitié de l'électricité en 2050 par rapport à aujourd'hui, alors la superficie de cellules solaires qui serait nécessaire pour compenser la défaillance des centrales nucléaires et des centrales à combustible fossile serait réduite de 152 km^2 à 85 km^2 (152 km^2 x 0,56 = 85 km^2. Le facteur 0,56 tient compte du fait que les ménages ne consomment pas toute l'électricité produite par les centrales fossiles et nucléaires.) Cette attente a également été exprimée dans un article de l'Agence suisse pour l'efficacité énergétique (SAFE) (SAFE-Factsheet Electricity Consommation 2035/2050).

Il n'y aurait guère d'économies substantielles possibles avec l'électromobilité. Les moteurs électriques et la charge/décharge des batteries sont déjà très efficaces aujourd'hui.

Il y a beaucoup de potentiel dans le domaine de l'isolation des bâtiments. Cependant, malgré les subventions gouvernementales, environ 1% seulement des bâtiments sont rénovés énergiquement chaque année. Si, sur les 30% de bâtiments qui devraient être rénovés entre 2020 et 2050, les besoins énergétiques pour le chauffage et l'eau chaude pouvaient être réduits d'environ 60% (energieheld.ch/renovation/energiebedarf#energiebedarf; dernier accès: 02.01.2020) 21), alors la zone PV qui serait nécessaire pour remplacer le mazout et le gaz serait réduite à **89 km²** (au lieu des 109 km² calculé précédemment)

Comme expliqué ci-dessus et déjà pris en compte, le passage de la mobilité à énergie fossile à l'électromobilité réduirait considérablement la consommation d'énergie. Il est difficile d'estimer combien le nombre de kilomètres parcourus pourrait être réduit. Il a fortement augmenté entre 2005 et 2019, à savoir de 24% pour le transport de passagers et de 27% pour le transport de marchandises, comme le montre l'Office fédéral de la statistique (OFS). La plupart des bâtiments résidentiels, des magasins, des écoles, des bâtiments administratifs et des usines seront encore debout en 2050. Par conséquent, le nombre de kilomètres parcourus en trafic domicile-travail et travail, ainsi qu'en trafic lié aux services et à la distribution de marchandises, ne peut être réduit à volonté. Le comportement futur de la population sera décisif (plus dans le prochain chapitre). Peut-être que de nombreux particuliers se laisseront persuader de conduire des véhicules moins puissants. Cependant, la tendance de ces dernières années va dans le sens inverse. Une plus grande prise en compte des transports publics pourrait également apporter un certain soulagement. (Des passagers supplémentaires amélioreraient l'efficacité des transports publics. Ce gain d'efficacité pourrait cependant être annulé par une nouvelle expansion des transports publics). Peut-être que les gens seraient également disposés à réduire leur mobilité de loisir (44% des kilomètres parcourus dans le transport de passagers selon le Microrecensement mobilité et transport 2015 de l'OFS). Dans mes calculs (mais pas dans les commentaires) je m'abstiens de spéculer sur une réduction significative de la dépense énergétique pour la mobilité.

Avec les économies mentionnées, la surface totale requise pour les modules PV serait encore de **85 km² + 119 km² + 89 km² = 293 km²**

C'est 20 fois plus que la surface photovoltaïque actuellement installée. (Selon le BFE, les systèmes photovoltaïques ont produit $2,18 \times 10^9$ kWh d'électricité en 2019. Si vous calculez ce retour, cela correspond à une surface de cellule solaire d'environ $2,18 \times 10^9$ kWh / 150 kWh / m² = $1,45 \times 10^7$ m² = 14,5 km².)

Si nous supposons que la production d'énergie éolienne prévue devait exister, la surface serait alors de **259 km²** et produirait 38,8 TWh :

$2,59 \times 10^8 \ m^2 \times 1,50 \times 10^2 \ kWh \ / \ m^2 = 3,88 \times 10^{10} \ kWh = 38,8 \ TWh$

L'OFEN a estimé qu'au maximum 67 TWh d'énergie solaire pourraient être produits sur les toitures et façades de bâtiments suisses (communiqué de presse du 15 avril 2019), dont 50 TWh sur les toits et 17 TWh sur les façades.

Comme mentionné précédemment, cette évaluation semble trop optimiste. La nouvelle étude de Walch et al. (2020) évalue la superficie des toitures adaptées à la production photovoltaïque à 151 km^2 et une production d'énergie de 22,6 TWh

En y ajoutant encore toutes les façades dans la même mesure que dans l'étude BFE, cela se traduirait par 30,3 TWh.

Ainsi, une fois l'ensemble du parc immobilier exploité, il manquerait encore une surface de **57 km^2** soit le double de la superficie du lac de Brienz. (Si les dépenses de mobilité pouvaient être réduites d'environ 50%, on pourrait théoriquement se passer de ce domaine.)

5.6. Achat ou fabrication de systèmes photovoltaïques

Quelle serait la consommation d'énergie nécessaire pour la production des systèmes photovoltaïques? On pourrait dire que nous n'avons pas à nous en préoccuper. Nous achèterions les cellules photovoltaïques et d'autres composants des systèmes photovoltaïques en Chine ou ailleurs et les ferions ensuite installer ici. Alors, que coûterait la révolution photovoltaïque à la Suisse?

En Suisse, on estime les coûts à environ 2 francs par kWh d'électricité PV produite (https://www.energie-gedanken.ch/2017/was-kosten-photovoltaik-anlagen-in-der-schweiz/; consulté le 28 avril 2021). Pour les $3,88 \times 10^{10}$ kWh d'électricité qu'il faudrait produire, cela représenterait **77,6 milliards de francs**.

Cette solution certes coûteuse mais pratique n'est peut-être pas une option. Si l'utilisation cohérente du photovoltaïque est l'une des approches les plus importantes pour atteindre la neutralité en CO_2, la plupart des autres pays s'y plieront également. Les achats de l'ordre de grandeur requis ne pourraient probablement pas être effectués du tout. Il serait également injustifiable de laisser les Chinois ou d'autres produire les quantités gigantesques de modules photovoltaïques et d'accessoires dont nous avons besoin et de leur laisser la pollution qui en résulte. Comme mentionné précédemment, il ne sera guère possible de renoncer à l'expansion du photovoltaïque et de produire à long terme d'énormes quantités d'électricité à partir des pays voisins et de nous les faire approvisionner via des lignes partiellement inexistantes.

Nous devrons donc fabriquer nous-mêmes les systèmes photovoltaïques. Un calcul certes quelque peu daté a montré que la production de modules solaires nécessite une quantité d'énergie d'environ 585 kWh/m² (Dale et Benson (2013)). Selon des chiffres plus récents publiés par Ferroni et Hopkirk (2016), cette valeur est plutôt autour de 1'290 kWh/m² et, après installation, autour de 1'380 kWh/m². Si nous prenons une valeur moyenne de 1'000 kWh/m², alors la dépense énergétique serait d'environ **259 TWh**.

C'est plus que la consommation totale d'énergie en Suisse en 2019 (232 TWh). Il faut s'attendre à ce que le photovoltaïque soit construit par étapes. De cette manière, il pourrait lui-même apporter une contribution énergétique à son expansion (en réduisant la consommation d'électricité dans les bâtiments équipés). Si nous devions ajouter chaque année autant d'espace photovoltaïque que ce qui a été installé jusqu'à présent, l'expansion prendrait 19 ans. Peu de temps après, le remplacement des modules les plus anciens devrait commencer ... (Le système photovoltaïque est conçu pour une période de 20 à 25 ans.)

La nécessité d'utiliser de grandes quantités d'électricité pour l'expansion du photovoltaïque signifie que peu de choses devraient changer dans le mix de production actuel d'électricité à court et moyen terme. L'énergie nucléaire ne saurait donc être abandonnée à court ou moyen terme. Du côté de la consommation, l'électromobilité ne pourrait pas se développer rapidement. Sinon, des achats d'électricité massivement importants devraient être effectués à l'étranger et / ou des centrales au gaz devraient être utilisées à grande échelle.

Hormis dans cet exemple, la dépense d'énergie grise n'est pas prise en compte dans mes calculs. Comme discuté, ma principale préoccupation est de comparer l'état actuel avec l'état cible en 2050. Mais je ne voudrais pas passer sous silence que pour une conversion du système énergétique, d'énormes investissements supplémentaires en énergie grise devraient être faits (en relation avec la rénovation des bâtiments, la construction de systèmes géothermiques, l'expansion des centrales hydroélectriques, la construction d'éoliennes, les usines d'électrolyse, les usines de production de méthanol, etc.) Mon co-auteur revient plus en détail au chapitre 11 sur cet aspect souvent négligé.

5.7. Stockage de PV « électricité d'été »

5.7.1. Stockage au moyen de centrales à accumulation par pompage

Comme déjà mentionné, le stockage par pompage/turbinage serait la solution la plus économe en énergie. Doit être économisé en été pour préparer l'hiver :

- 0.29×10^{10} kWh pour la consommation générale d'électricité domestique

- 0.41×10^{10} kWh pour la mobilité

- 0.80×10^{10} kWh pour le chauffage et l'eau chaude

Au total, ce sont $1{,}50 \times 10^{10}$ kWh.

En utilisant l'exemple des centrales électriques du Grimsel, on peut se faire une idée de l'ampleur de cette quantité d'énergie à stocker. Le complexe de la centrale est l'une des trois seules centrales qui ont une puissance installée > 1'000 MW (ou l'un des six complexes de centrales d'une capacité > 500 MW). Un projet en cours prévoit une augmentation de 23 m de la paroi du barrage du lac du Grimsel, un projet de construction dont le coût a été estimé à 235 millions de francs. Selon l'exploitant, l'augmentation d'énergie stockée serait de **$2{,}40 \times 10^{8}$ kWh**.

Le volume de stockage du Grimsel serait presque doublé avec cette expansion. Je suppose que c'est un exemple du doublement (ou du triplement) de la capacité de stockage ciblé par le gouvernement fédéral. **Le projet gigantesque ne générerait que 1,6% de la capacité de stockage nécessaire.** Même si les autres grandes centrales de stockage étaient agrandies en conséquence, **elles seraient toujours au moins d'un ordre de grandeur (facteur 10) de la capacité de stockage requise.** Même si une augmentation de la capacité de stockage des centrales à accumulation par pompage/turbinage pourrait apporter une contribution précieuse, le problème du stockage serait loin d'être résolu.

Un autre problème peut être montré à l'aide de l'exemple des centrales électriques du Grimsel. Une demande de planification pour l'élévation du mur du barrage a été déposée en 2005. En 2012, le canton de Berne a accordé la concession d'agrandissement du mur. Le projet est combattu par les associations environnementales Aqua Viva et la Fondation suisse Greina pour des raisons de protection de la nature et du paysage. À la suite de leurs démarches, le projet a été temporairement arrêté par le tribunal fédéral en novembre 2020. Même si la construction du barrage obtenait le feu vert après de nouvelles évaluations, le projet de construction lui-même prendrait encore 6 ans. Il aurait fallu 22 ans entre le dépôt de la demande de planification et l'achèvement du bâtiment. Si ce retard était typique, alors de nouveaux projets d'expansion sur d'autres réservoirs ne pourraient être mis en œuvre que peu de temps avant 2050. Il y a apparemment des verts et des verts. Jusqu'à présent, certains ont jeté du sable dans les engrenages des autres.

À propos, le gouvernement fédéral prévoit une augmentation nette de 3,2 TWh d'électricité provenant d'installations hydrauliques d'ici 2050 (https://www.newsd.admin.ch/newsd/message/attachments/58259.pdf; consulté en mai 6, 2021). L'exemple de la modification du barrage au Grimsel suggère résolument beaucoup d'optimisme dans l'atteinte de ses objectifs. Même si le projet pouvait être réalisé, cela ne générerait qu'environ 21% des besoins en stockage.

5.7.2. « Peak Shaving »

Si la capacité de stockage ne peut pas être augmentée de manière significative, le rasage des pics serait-il une alternative ?

Le « peak shaving » consiste à un surdimensionnement suffisant pour produire assez d'électricité en hiver. Serait-ce vraiment une solution sensée ?

Pour l'alimentation électrique, j'ai calculé $2{,}16 \times 10^{10}$ kWh x 0,56 (scénario économique). Comme discuté, seul un peu plus d'un quart de la quantité d'électricité PV est produite au cours du semestre d'hiver, mais la consommation est plus ou moins constante tout au long de l'année. La surface pour couvrir ce besoin serait de 149 km^2.

Pour l'électromobilité, ce serait 209 km^2.

Ce serait particulièrement flagrant dans la zone de chauffage. J'ai estimé que 92,5% de la quantité d'énergie utilisée à cet effet est consommée pendant le semestre d'hiver. La quantité d'énergie requise ($1{,}16 \times 10^{10}$ kWh) pourrait être fournie par 77 km^2 de modules photovoltaïques. Malheureusement, seulement 27% de celui-ci serait produit au cours du semestre d'hiver. Afin d'avoir une quantité suffisante d'électricité disponible pendant le semestre d'hiver, la superficie des cellules solaires devrait être augmentée à 265 km^2:

La superficie totale serait de 149 km^2 + 209 km^2 + 265 km^2– 34 km^2 =**589 km^2** (en tenant compte de l'énergie éolienne).

Cela correspond à environ **41 fois la superficie de tous les systèmes installés jusqu'à présent**. Comme indiqué ci-dessus, environ 30,3 TWh d'électricité pourraient être produits sur les surfaces des bâtiments. Compte tenu de l'équipement de toutes les toitures et de toutes les façades, il faudrait encore équiper une surface de **387 km²**. C'est plus de 4 fois la superficie du lac de Zurich.

Mon opinion à ce sujet: «le rasage de pointe» serait absurde.

<u>5.7.3. Stockage utilisant les technologies « power-to-gas »</u>

Si une grande partie de l'électricité photovoltaïque nécessaire pendant la moitié de l'année d'hiver ne pouvait pas être stockée au moyen du stockage par pompage/turbinage (et le stockage par batterie serait complètement absurde, comme discuté dans le chapitre suivant), et si nous voulions nous abstenir de réduire les pics de consommation, nous devrions nous passer de la mobilité électrique pure.

Les technologies « power-to-gas » (P2G) pourraient-elles aider à résoudre le problème du stockage? Avec ces technologies, l'eau (H_2O) est divisée électrolytiquement en hydrogène (H_2) et en oxygène (O_2). L'hydrogène peut être soit distribué via des canalisations, puis comprimé ou liquéfié par des distributeurs (ex: stations de remplissage). Sinon, l'hydrogène résultant peut être comprimé ou liquéfié sur site puis stocké et distribué dans des réservoirs. Une partie de l'énergie stockée dans l'hydrogène peut être récupérée sous forme d'électricité grâce à des piles à combustible. Par ailleurs, l'hydrogène peut être converti en méthane (CH_4) avec relativement peu de pertes grâce à la réaction de Sabatier. Avec une perte un peu plus grande, du méthanol (CH_3OH) peut également être produit.

La partie de l'électricité PV d'été qui serait nécessaire pour la mobilité motorisée électrique pendant le semestre d'hiver pourrait-elle être convertie en hydrogène puis stockée sous forme d'hydrogène ? Si cela était possible, la quantité restante d'électricité PV d'été qui devrait être stockée dans des lacs de stockage pompés serait d'environ $1,09 \times 10^{10}$ kWh ou 10,9 TWh

Cependant, ce serait encore 45 fois plus que l'expansion des centrales électriques du Grimsel, donc ce serait encore assez irréaliste. Mais allons-y quand même.

Il est clair que l'utilisation directe de l'électricité pour alimenter un véhicule électrique est plus efficace que de l'utiliser indirectement, dans laquelle l'électricité est utilisée pour électrolyser l'eau et comprimer ou liquéfier (refroidir) l'hydrogène généré puis l'utiliser dans le véhicule. La pile à combustible reconvertit en électricité et alimente ensuite le moteur électrique du véhicule. La production d'hydrogène par électrolyse peut être exploitée avec un rendement de 60 à <u>80</u>%. L'efficacité énergétique électrique des piles à combustible (à hydrogène) peut être de 50 à <u>60</u>%. Le rendement de l'opération complète qui en résulte (efficacité de la conversion de l'électricité en hydrogène et retour en électricité) est de 30 à 48%. Je retiens l'efficacité de 48%. Pour la compression de l'hydrogène, je calculerai avec un rendement de 85%.

En raison des pertes importantes inhérentes aux technologies P2G, je suppose ici que nous conduirions des véhicules hybrides qui pourraient fonctionner à la fois à l'électricité et à l'hydrogène (ou au méthanol, comme indiqué ci-dessous). L'électricité serait utilisée exclusivement en été et l'électricité ou l'hydrogène seraient utilisés en hiver. La fabrication de tels véhicules ne nécessite aucune innovation supplémentaire. De cette manière, nous n'aurions « qu'à » convertir l'excédent d'électricité PV d'été en hydrogène pour compléter la mobilité hivernale. (Cette option hybride peut ne pas être disponible comme indiqué dans le chapitre suivant.)

Si toute la mobilité basée sur les combustibles fossiles passait à l'électricité photovoltaïque et à l'hydrogène photovoltaïque (et que l'hydrogène était stocké et distribué sous forme liquide comme indiqué ci-dessous), alors la quantité d'énergie à produire pour la mobilité serait de $2{,}13 \times 10^{10}$ kWh, représentant une surface PV de **142 km²**.

Ainsi, la surface photovoltaïque totale requise serait

85 km² + 142 km² + 89 km² - 34 km² (énergie éolienne) = 282 km², soit environ 19 fois la superficie totale actuellement bâtie

La quantité d'électricité produite par cette zone PV serait de 42,3 TWh.

Les systèmes photovoltaïques sur toutes les zones de bâtiment appropriées contribueraient à hauteur de 30,3 TWh (voir ci-dessus). De plus, il faudrait donc encore **80 km²**, soit un peu moins que la superficie du lac de Zurich.

Si le stockage dans des centrales électriques à accumulation par pompage/turbinage n'était pas possible et que l'approche de « peak shaving » était utilisée, alors la zone PV requise serait de **522 km²**, ce qui correspond à la quasi-totalité de la superficie du lac de Constance. Inutile de commenter.

<u>5.7.4. L'hydrogène pour la mobilité</u>

Revenons au stockage de l'hydrogène pour la mobilité hivernale. La quantité d'énergie à stocker serait de $0{,}50\,(4) \times 10^{10}$ kWh.

Le contenu énergétique de l'hydrogène est d'environ 33,3 kWh / kg. Donc il faudrait un réservoir de $1{,}51 \times 10^{5}$ tonnes.

Avec une densité de 0,081 kg / m³ et à température ambiante (300 K), le volume de gaz à stocker serait de **1,86 km³**. Cela correspond à 1,5 fois le volume d'eau du lac de Bienne.

Pour stocker de grands volumes d'hydrogène à condition atmosphérique, il faudrait pouvoir se rabattre sur des formations géologiques fermées appropriées. Divers projets visant à stocker l'hydrogène dans des cavernes qui ont été créées ou créées en lavant le sel des dômes de sel. Un de ces projets est en cours dans l'Utah, près de Salt Lake City. Le « Advanced Clean Energy Storage Project » (ACES) est en train de réaliser un groupe de stockage capable de stocker de l'hydrogène avec un contenu énergétique de $8,76 \times 10^9$ kWh. Cela serait suffisant pour la mobilité suisse assistée par hydrogène. Dans une première phase d'expansion, l'hydrogène serait stocké avec un contenu énergétique de $1,5 \times 10^8$ kWh. La caverne utilisée a un diamètre de plus de 0,8 km et une profondeur de 1,6 km (volume: 0,08 km³). « Hypos Alliance » prévoit de construire une installation de stockage de salines d'une capacité de $1,5 \times 10^8$ kWh en Saxe-Anhalt.

Pour autant que je sache, il n'y a pas en Suisse de dômes de sel de taille comparable, ce qui signifie que cette stratégie de stockage n'est pas applicable. Des cavernes pouvant convenir au stockage de gaz ont été identifiées dans le secteur du Grimsel. Il s'agit d'un système de 4 cavernes pouvant stocker 0,11 km³ de gaz. Cela représente environ 6% du volume requis pour le stockage de l'hydrogène à des fins de mobilité.

Dans la situation actuelle, le stockage de l'hydrogène comprimé à une telle échelle est hors de question : le stockage de grands volumes d'hydrogène comprimé est un problème totalement non résolu. Pour le stockage sous forme liquide, des réservoirs devraient être construits pour environ $1,36 \times 10^8$ kg / 71 kg/m³ (densité de l'hydrogène liquide) = $1,92 \times 10^6$ m³ (1,92 milliard de litres). Les plus grands conteneurs refroidis actuellement pour l'hydrogène liquide (NASA) contiennent 250 tonnes (Andersson et Grönkvist, 2019). Le volume de ces réservoirs est de 3,52 millions de litres. Il faudrait donc au moins **545 conteneurs de la NASA**.

L'hydrogène serait produit et liquéfié dans les usines. Un réseau de distribution d'hydrogène liquide devrait être mis en place et exploité - encore plus de mobilité et de nouvelles pertes. L'ampleur d'un tel effort dépasse quelque peu l'imagination.

<u>5.7.5. Le méthanol pour la mobilité</u>

Au lieu de l'hydrogène, on pourrait utiliser le méthanol pour la mobilité. Le processus de production de méthanol à partir d'hydrogène et de CO_2 est bien connu et fournit du méthanol et de l'eau. Le méthanol doit ensuite être purifié par distillation. Les pertes de procédé sont de l'ordre de 20% environ (Anderson et Grönkvist (2019)). Des recherches intensives sont menées sur les piles à combustible au méthanol. Jusqu'à présent, ces piles à combustible n'ont pas tout à fait atteint le rendement des piles à hydrogène. Il est à espérer que l'optimisation n'est qu'une question de temps. Je suppose ici que les piles à combustible au méthanol auront le même rendement que les piles à combustible à hydrogène. Le grand avantage du méthanol par rapport à l'hydrogène est que le méthanol est un liquide à température ambiante. Le stockage dans de grands réservoirs ainsi que dans des réservoirs de véhicules est relativement peu exigeant. Le stockage et la distribution sous pression ou congelés comme avec l'hydrogène seraient supprimés. Le volume de méthanol qui devrait être stocké dans des réservoirs serait de **$0,89 \times 10^6$ m^3**.

La Suisse dispose d'un stockage obligatoire des quantités de carburant et de combustible qui sont suffisantes pour 4,5 mois de fonctionnement. Selon l'OFEN, la consommation d'essence en 2019 était de 2'282'000 tonnes, celle de diesel 2'699'000 tonnes et celle de fioul léger 2'533'000 tonnes. L'entrepôt obligatoire devrait donc contenir 856'000 tonnes d'essence ($1,16 \times 10^6$ m^3), 1'012'000 tonnes de diesel ($1,22 \times 10^6$ m^3) et 950'000 tonnes de fioul léger (environ $1,13 \times 10^6$ m^3). La capacité de stockage existante serait suffisante pour le stockage du méthanol nécessaire pour le semestre d'hiver exigeant un volume de $0,89 \times 10^6$ m^3.

En résumé, on peut dire que la mobilité assistée par le méthanol serait envisageable. Comme indiqué ci-dessus, le problème du stockage de l'électricité PV d'été pour toutes les autres zones resterait en grande partie non résolu.

5.7.6. Le méthanol pour la production de chaleur

Le méthanol pourrait-il également être utilisé pour soutenir la production de chaleur ? La quantité d'énergie requise pour le chauffage géothermique et la préparation d'eau chaude serait

$1,41 \times 10^{10}$ kWh.

En tenant compte de la rénovation des bâtiments escomptée d'ici 2050, un rendement de l'opération complète PV -> méthanol de 48% et une perte de 20% dans la production de méthanol, nous arriverions à un besoin PV de **$2,01 \times 10^{10}$ kWh**. Le volume de méthanol à stocker serait de **$1,72 \times 10^6$ m^3**.

Le volume de méthanol à stocker pour les besoins de chauffage et de mobilité au cours du semestre d'hiver serait de $0,89 \times 10^6$ m^3 + $1,72 \times 10^6$ m^3 = $2,61 \times 10^6$ m^3. La capacité de stockage actuelle est de $3\text{-}4 \times 10^6$ m^3.

Si la mobilité et le chauffage / préparation de l'eau chaude des bâtiments utilisaient du méthanol pour compenser la crise hivernale du PV, cela aurait des conséquences sur la surface PV requise et le stockage de l'électricité à l'aide de centrales électriques à accumulation par pompage-turbinage. La demande d'électricité serait de

- $1,28 \times 10^{10}$ kWh pour l'électricité générale (remplacement de l'électricité fossile ou nucléaire), avec le stockage de la centrale électrique par pompage-turbinage

- $2,01 \times 10^{10}$ kWh pour le chauffage et la préparation d'eau chaude

- $2,13 \times 10^{10}$ kWh pour la mobilité.

La quantité totale serait de $5,42 \times 10^{10}$ kWh ce qui, en plus de toutes les surfaces de bâtiments, nécessiterait **159 km²**. **C'est presque le double de la superficie du lac de Zurich.**

Un effet positif serait la moindre quantité d'électricité qui devrait être stockée dans les lacs de stockage, à savoir $0,29 \times 10^{10}$ kWh. Cela correspond à « seulement » 12 fois la capacité de stockage supplémentaire attendue de l'extension prévue des centrales du Grimsel. Cela signifierait que l'écart entre la capacité de stockage requise et la capacité disponible probable de stockage par pompage-turbinage serait considérablement plus petit que dans les premiers scénarios.

<u>5.7.7. Les besoins de CO_2 pour le méthanol</u>

Comme déjà mentionné, le CO_2 est nécessaire pour la production de méthanol. La production suit la réaction chimique

$$CO_2 + 3H_2 \rightarrow CH_3OH + H_2O$$

(Bowker, M. (2019)). Les seules sources de CO_2 renouvelables dont nous disposerions dans une Suisse neutre en CO_2 seraient les déchets, le CO_2 «capté» de l'industrie lourde et le bois. Si l'incinération des déchets et les installations industrielles lourdes n'étaient pas là où l'on voulait produire du méthanol, alors il faudrait utiliser du bois. Aurions-nous même assez de bois disponible pour générer les quantités de CO_2 nécessaires à la production de méthanol ?

Environ $6,03 \times 10^6$ m³ ont été utilisés pour produire de l'énergie en 2018 (Jahrbuch Wald und Holz, OFEV, 2019). Cette quantité de bois a un poids d'environ $4,34 \times 10^9$ kg (densité du bois: environ 720 kg / m³). Environ la moitié du bois est constituée de carbone (C). Sa combustion devrait alors libérer $1,81 \times 10^{11}$ moles de CO_2.

Comme indiqué ci-dessus, la quantité d'énergie requise pour la mobilité hivernale sous forme de méthanol est de 0,45 x 10^{10} kWh. Cela correspond à 2,2 x 10^{10} moles de méthanol.

Une mole de CO_2 est utilisée pour la synthèse de 1 mole de méthanol. Donc nous avons besoin de 2,2 x 10^{10} moles de CO_2.

Afin de produire le volume de méthanol nécessaire à la mobilité, seulement environ 12% du bois de chauffage disponible devrait être utilisé. L'énergie thermique générée lors de la combustion pourrait être utilisée pour la production d'électricité et/ou pour le chauffage urbain.

Comme mentionné dans l'introduction, je n'ai pas évoqué les technologies de séparation du CO_2 de l'air (« direct air carbon capture » ou DACC) car elles sont encore immatures (Chatterjee et Huang (2020)). Néanmoins, je voudrais mentionner que ces technologies pourraient éventuellement être utilisées pour fournir le CO_2 nécessaire à la production de méthanol.

<u>5.7.8. L'énergie solaire thermique et le stockage saisonnier</u>

Je n'ai pas pris en compte l'énergie solaire thermique et la possibilité associée de stocker l'énergie thermique saisonnière pour la simple raison que dans tous les scénarios discutés, toutes les surfaces de bâtiment appropriées seraient complètement absorbées par le photovoltaïque. Il n'y aurait tout simplement plus d'espace disponible. Bien entendu, des centrales solaires thermiques pourraient également être construites dans le paysage. Il serait également possible d'utiliser la technologie PV-T au lieu du photovoltaïque commun. Avec cette technologie, un capteur thermique est fixé à l'arrière d'un panneau PV, qui recueille une partie de la chaleur générée par la cellule PV, qui peut ensuite être utilisée pour préparer de l'eau chaude. Jesse Dean et ses collègues des États-Unis Le National Renewable Energy Laboratory ont réalisé une étude de modèle avec un système PV-T de 31,5 kW (énergie photovoltaïque) / 69 kW (énergie thermique), qui a été installé sur le toit d'un immeuble à Boston. La centrale a produit environ 6 MWh d'énergie thermique. Cette technologie pourrait donc apporter une certaine contribution (également en améliorant l'efficacité de la production d'électricité photovoltaïque en refroidissant les panneaux photovoltaïques), qui ne serait cependant pas décisive.

D'autres raisons qui s'opposent au stockage saisonnier de la chaleur sont d'ordre technique et économique. Le stockage saisonnier décentralisé de la chaleur sous forme d'eau chaude est associé à d'énormes pertes de stockage. Lorsque le volume par rapport à la surface augmente, les pertes diminuent. Il faudrait donc construire des systèmes à grande échelle. En plus des coûts impliqués, se poserait la question de savoir comment ces systèmes pourraient être intégrés dans les quartiers urbains existants.

Il existe encore d'autres options. Au lieu d'eau chaude (chaleur sensible), la chaleur latente pourrait être stockée dans des matériaux dits à changement de phase (matériaux qui changent d'état physique lorsqu'ils sont chauffés) (Sarbu et Sebarchievici (2018)). Ce serait un peu plus avantageux, mais ne conviendrait guère au stockage de chaleur saisonnier. Plus prometteuses seraient les technologies de sorption dans lesquelles, par exemple, un hydrure de sel est chauffé et perd ainsi l'eau associée. Lors de la réassociation avec l'eau, l'énergie thermique est récupérée. Cependant, les systèmes basés sur ce principe sont encore techniquement immatures et leur viabilité économique ne peut pas encore être prévue (Scapino et al. (2017)).

Une étude de projet prometteuse a récemment été présentée (Schmidt et Linder (2020)). La technologie étudiée est basée sur la conversion thermochimique de l'hydroxyde de calcium en oxyde de calcium. L'oxyde de calcium riche en énergie peut être stocké indéfiniment. En présence d'eau ou de vapeur, l'oxyde de calcium se reconvertit en hydroxyde de calcium, libérant l'énergie stockée sous forme de chaleur. Théoriquement, 58% de l'énergie électrique utilisée pour chauffer l'hydroxyde de calcium pourrait être récupérée sous forme d'énergie thermique après n'importe quelle durée de stockage. La réalisation de cette technologie serait un pas en avant. Pourtant, environ la moitié de l'énergie électrique serait perdue. La quantité d'électricité à utiliser pour le chauffage et l'eau chaude serait considérablement plus élevée que pour le système géothermique alimenté au méthanol dont il a été question ci-dessus.

5.8. Résumé

Electricité PV à produire et surfaces respectives

	Remplacement de l'électricité actuelle de source nucléaire ou fossile	Mobilité électrique	Chauffage géothermique pour le chauffage et l'eau chaude	Total
Besoin électrique (TWh)	21,6	16,9	14,1	52,6
Surface PV (km²)*	144	113	94	351
Avec le stockage par pompage-turbinage de l'électricité d'été excédentaire (scénario improbable : personne ne pense que la capacité de stockage nécessaire puisse être créée):				
Besoin électrique (TWh)	22,8	17,9	16,3	56,9
Surface PV (km²)	152	119	109	380
Dans le cas du stockage par pompage-turbinage de l'excès d'électricité d'été, en tenant compte des économies de consommation d'électricité des ménages et du secteur du chauffage grâce aux rénovations attendues des bâtiments (scénario improbable : personne ne pense que la capacité de stockage nécessaire puisse être créée):				
Besoin électrique (TWh)	12,8	17,8	13,4	44,0
Surface PV (km²)	85	119	89	293
« Peak shaving » au lieu du stockage, en tenant compte des économies de consommation électrique des ménages et du secteur du chauffage grâce aux rénovations anticipées des bâtiments:				
Besoin électrique (TWh)	22,4	31,4	39,8	93,6
Surface PV (km²)	149	209	265	623
Dans le cas du stockage par pompage-turbinage de l'électricité d'été excédentaire pour la fourniture d'électricité et de l'utilisation de la technologie P2G pour la mobilité et la préparation de chauffage / eau chaude assistées au méthanol (en tenant compte des économies de consommation d'électricité des ménages et dans le secteur du chauffage grâce aux rénovations prévues des bâtiments):				
Besoin électrique (TWh)	12,8	21,3	20,1	54,2
Surface PV (km²)	85	142	134	361

* Superficie totale adaptée au PV (toitures et façades) des bâtiments : **202 km²**

5.9. Conclusion

L'électricité photovoltaïque pourrait remplacer l'électricité produite aujourd'hui par les centrales nucléaires et les centrales électriques utilisant des combustibles fossiles. Toute la mobilité routière pourrait être convertie en véhicules électriques. Le chauffage et la préparation de l'eau chaude pourraient se faire systématiquement au moyen de systèmes géothermiques (ou d'autres systèmes qui exploitent le même principe). La quantité d'électricité nécessaire à la mobilité et à la préparation du chauffage/de l'eau chaude serait également produite de manière photovoltaïque. Cela nous rendrait presque neutre en CO_2. Les quantités d'électricité nécessaires à l'industrie et au secteur des services sont disponibles, et le chauffage des locaux / l'eau chaude pourraient également être générés dans ces secteurs au moyen de l'énergie géothermique. Dans mes premiers calculs approximatifs, j'ai supposé par souci de simplicité que les combustibles fossiles sont utilisés exclusivement pour le chauffage et la production d'eau chaude. En réalité, l'industrie a besoin d'une grande partie des combustibles fossiles qu'elle consomme pour générer de la chaleur industrielle et comme matières premières pour les produits. Dans la mesure du possible, la chaleur de processus devrait également être générée électriquement. Partout où des combustibles fossiles continueraient d'être utilisés pour la production de chaleur de procédé, le CO_2 généré devrait être capté et stocké. Ensuite, il y a le trafic aérien (1'877'000 tonnes de carburant en 2019), qui devrait être converti en biocarburants (probablement achetés à l'étranger).

Il est important de se rappeler que je n'ai envisagé que les solutions énergétiquement les plus favorables. L'électromobilité (fonctionnement) consomme environ 3,5 fois moins d'énergie que la mobilité à base de combustibles fossiles. Le chauffage géothermique et la préparation d'eau chaude (de préférence à l'aide de pompes à chaleur eau-eau) nécessitent jusqu'à 4,5 fois moins d'énergie que la technologie conventionnelle.

Afin d'atteindre l'objectif de CO_2, nous avons besoin d'une gigantesque zone de modules PV. Dans le dernier scénario, à moitié plausible (énergie photovoltaïque stockée par pompe pour compléter l'approvisionnement en électricité et mobilité et préparation de chauffage / eau chaude soutenue par le méthanol), j'ai également fait l'hypothèse que les ménages n'utiliseront que la moitié de l'électricité en 2050 par rapport à la consommation actuelle. J'ai également tenu compte du fait qu'environ 30% de tous les bâtiments seront probablement rénovés énergétiquement en 2050. Avec ces gains d'efficacité, j'ai obtenu une superficie de système photovoltaïque d'environ 361 km^2. Cela dépasserait de loin la surface disponible sur les toits et les façades des bâtiments (environ 202 km^2). En outre, des fermes photovoltaïques d'une superficie totale de modules d'environ 160 km^2 devraient être construites sur place. Cela correspond à environ deux fois la superficie du lac de Zurich. Vous devez mesurer ces chiffres par rapport à ce qui a été réalisé jusqu'à présent. Malgré tout le battage médiatique de ces dernières années, seuls 14,5 km² de panneaux photovoltaïques ont été installés à ce jour. Nous aurions donc besoin d'environ 25 fois plus, ce qui dévorerait de grandes quantités d'énergie grise.

C'est l'essence de l'énergie solaire qu'elle se produit principalement pendant les mois d'été. Cette phrase triviale contient le problème principal de l'utilisation de l'énergie solaire. Les cellules photovoltaïques produisent environ 73% de leur électricité le semestre d'été et 27% le semestre d'hiver. La consommation électrique des ménages ainsi que de l'industrie et des prestataires de services est plus ou moins constante sur l'année. Il en va de même pour la mobilité et la préparation d'eau chaude. Cela est particulièrement flagrant avec le chauffage, qui est connu pour fonctionner presque exclusivement pendant le semestre d'hiver, tandis que l'énergie solaire est principalement produite pendant le semestre d'été.

Il s'ensuit que pour compléter l'approvisionnement en électricité et pour la mobilité motorisée électrique en hiver, un peu moins d'un tiers de l'électricité PV produite à cet effet au cours du semestre d'été devrait être stocké pour le semestre d'hiver. Pour la production de chauffage / eau chaude, 90% de l'électricité d'été produite à cet effet devrait être stockée pour l'hiver. Le stockage le plus économe en énergie serait au moyen de centrales électriques à accumulation par pompage-turbinage. Malheureusement, il n'y a pas de capacité de stockage inutilisé qui soit disponible en été. Il faudrait donc renforcer la capacité requise. La quantité d'électricité à stocker (tout excédent d'électricité d'été pour l'alimentation électrique générale, l'électromobilité et le chauffage / eau chaude en hiver) serait d'environ $1,50 \times 10^{10}$ kWh. Pour illustrer, j'ai utilisé le projet d'extension des centrales du Grimsel. Dans ce projet, combattu par les associations environnementales depuis de nombreuses années, le barrage du Grimsel doit être agrandi de 23 m. Cela créerait une capacité de stockage supplémentaire de $2,40 \times 10^{8}$ kWh. La structure gigantesque ne fournirait qu'environ 1,6% de la capacité requise. Il est clair que, même avec l'expansion de toutes les grandes centrales de stockage, seule une fraction de la capacité nécessaire pourrait être créée. La question de savoir si cette expansion sera politiquement faisable est une autre question. Quoi qu'il en soit, même avec une expansion ambitieuse, nous serions très loin d'une capacité de stockage adéquate.

L'idée de stocker l'électricité d'été nécessaire pour le semestre d'hiver à l'aide de batteries est discutée dans le chapitre suivant. Autant le dire à l'avance : cette option de stockage ne sera pas disponible.

Le stockage d'énormes quantités d'électricité pourrait au mieux être contourné au moyen de ce qu'on appelle le « peak shaving ». Le photovoltaïque serait étendu de manière à pouvoir également fournir l'électricité nécessaire pendant le semestre d'hiver. Beaucoup trop d'électricité serait produite en été, ce qui pourrait être évité en arrêtant certains des systèmes. La surface photovoltaïque nécessaire pour cela serait vraiment gigantesque. Même après avoir pris en compte une consommation d'électricité divisée par deux dans les ménages et la rénovation de 30% de tous les bâtiments, des systèmes solaires d'une superficie totale d'environ 420 km^2 devraient être construits en plus de toutes les surfaces de bâtiment disponibles.Cela correspondrait à environ 5 fois la superficie du lac de Zurich. L'enthousiasme pour une telle entreprise serait probablement limité.

L'électricité supplémentaire nécessaire à la mobilité hivernale, au chauffage et à l'eau chaude en hiver pourrait être stockée sous forme d'hydrogène, de méthane ou de méthanol. Si nécessaire, l'électricité pourrait être récupérée à l'aide de piles à combustible. Le problème le plus évident avec cela serait les pertes inévitables. Le rendement de l'opération complète pour l'hydrogène est au plus d'environ 50%, c'est-à-dire qu'environ 50% de la quantité d'énergie d'origine est perdue lors de la conversion de l'électricité en hydrogène et de nouveau en électricité. (Comme discuté plus loin, ces pertes ne pourraient être réduites que légèrement en récupérant la chaleur perdue.) La conversion d'hydrogène en méthanol est associée à des pertes supplémentaires. De plus, il y a des pertes de stockage. Dans le cas d'une production centrale ou régionale, le méthanol serait probablement la source d'énergie la plus avantageuse. Les possibilités de stocker de l'hydrogène ou du méthane atmosphérique à grande échelle seraient très limitées en Suisse. Le stockage et la distribution de gaz comprimés ou liquides seraient possibles, mais nécessiteraient le développement d'une énorme infrastructure. Le méthanol est liquide à température ambiante et pourrait donc être stocké avec relativement peu d'effort.

J'étais peut-être trop optimiste quant à la production d'énergie éolienne prévue. Bien que la production d'énergie éolienne devrait être la plus fiable en hiver, il y a eu des accalmies de plusieurs semaines en plein hiver. Si l'on ne compte pas sur la production éolienne, alors le besoin d'espace PV estimé augmente de 34 km^2.

Dans mes calculs approximatifs, je n'ai pas pris en compte diverses pertes telles que les pertes de transmission de puissance. J'ai également ignoré la maintenance et le renouvellement des systèmes construits. Les surfaces du système photovoltaïque ainsi que les capacités de stockage (électricité et / ou gaz / méthanol) devraient être conçues beaucoup plus grandes que celles calculées ici. Si l'énergie solaire était utilisée pour l'approvisionnement de base, la variabilité de la production d'électricité photovoltaïque devrait être prise en compte. Cela entraînerait un surdimensionnement considérable des systèmes photovoltaïques. Les dimensions augmenteraient également dans la mesure où le chauffage et la préparation d'eau chaude ne pourraient pas être convertis à l'énergie géothermique (ou à des technologies similaires qui exploitent la chaleur de l'environnement). Il est possible que des obstacles techniques et économiques entravent également l'utilisation systématique de ces technologies. <u>Les surfaces photovoltaïques requises devraient éventuellement être 1,5 à 2 fois plus grandes que celles estimées ici.</u> Ce serait alors plus de 540 km^2 (dernier scénario : énergie photovoltaïque stockée par pompe pour compléter l'approvisionnement en électricité et mobilité et préparation de chauffage / eau chaude soutenue par le méthanol). Pouvez-vous imaginer une zone photovoltaïque de la même taille ou plus grande que toute la superficie du lac Léman ? Nous entrons progressivement dans le domaine du fantastique.

Il est également important de noter que les estimations présentées ici sont largement basées sur des chiffres statistiques de 2019 (GESt 2019). Le nombre de ménages et d'entreprises qui auront besoin d'électricité, de chauffage et d'eau chaude en 2050, ainsi que le nombre de personnes qui seront alors dépendantes de la mobilité, ne correspondront pas à celui d'aujourd'hui. On peut supposer qu'en 2050, à la suite de la poursuite de l'immigration, davantage de personnes emprunteront la route et le rail. Peut-être qu'un plus grand nombre de ménages et d'entreprises auront besoin d'énergie. Peut-être que les gains d'efficacité des appareils électriques seront réduits ou même neutralisés par des exigences supplémentaires.

En résumé, on peut dire que passer à une société énergétiquement neutre en CO_2 serait une tâche véritablement herculéenne. Les dimensions d'une telle reconstruction seraient si énormes qu'elle ne pourrait certainement pas être réalisée sans un plan concret qui canaliserait les efforts. Reste à voir si l'effort nécessaire pourrait être réduit par des achats à l'étranger. Il semble irresponsable de supposer que l'électricité, les systèmes photovoltaïques ou leurs composants, les biocombustibles, le bois ou autre biomasse peuvent être importés à long terme.

6. Production et consommation décentralisées d'énergie renouvelable : possibilités et limites

Jusqu'à présent, j'ai estimé la quantité d'énergie PV qui devrait être générée pour atteindre (approximativement) la neutralité en CO_2. En principe il serait judicieux d'utiliser l'électricité là où elle est produite, menant à des productions décentralisées. L'idée n'est pas que chaque bâtiment doit fonctionner comme une unité isolée de production et de consommation. Différents bâtiments différeraient, dans certains cas, considérablement en termes de production d'électricité et de demande d'électricité. Comme auparavant, l'énergie pourrait être distribuée via le réseau. Avec l'expansion du photovoltaïque et de la production d'énergie éolienne, les gestionnaires de réseau seront de plus en plus confrontés à deux problèmes. Premièrement, gérer un nombre croissant de producteurs d'énergie. Deuxièmement, la production de ces producteurs d'énergie fluctue fortement. Apparemment, on envisage de créer des réseaux plus petits, appelés microgrids, qui relient les bâtiments à une échelle relativement petite. Dans de nombreux endroits, des travaux sont également menés sur le concept de « autonomous energy grids » (AEG) (https://spectrum.ieee.org/energy/the-smarter-grid/tomorrows-power-grid-will-be -autonome; accès: 24.02.2021). Ces AEG sont des réseaux qui intègrent la production d'énergie, le stockage et l'utilisation finale. Ils ressemblent à des micro-réseaux, mais sont « plus intelligents » et permettent de gérer la production et la consommation en quelques secondes.

Dans ce chapitre, je cherche principalement à savoir si et dans quelles circonstances l'électricité PV produite sur des surfaces appropriées de bâtiments à usage résidentiel pourrait couvrir la fourniture d'électricité, le chauffage et la préparation d'eau chaude de ces bâtiments. Les conséquences sur l'approvisionnement énergétique pour la mobilité et le reste du secteur énergétique sont également à l'étude.

Je prends la situation des ménages. Selon les chiffres de l'OFS, il y a $3{,}8 \times 10^6$ ménages en Suisse avec une moyenne de 2,2 personnes. Les besoins en électricité d'un ménage de 2 à 3 personnes sont estimés entre 3'000 et 4'000 kWh par an. En utilisant la valeur supérieure de 4'000 kWh par ménage, j'obtiens pour les besoins en électricité de tous les ménages $1{,}52 \times 10^{10}$ kWh.

J'ai trouvé une valeur légèrement plus élevée de $1{,}89 \times 10^{10}$ kWh (33,1% de la production totale d'électricité) sur «www.strom.ch/de/energiewissen/ stromkonsumption» de l'Association des entreprises suisses d'électricité (VSE) (dernière consultation le 26 décembre 2020). Une valeur similaire (33,4%) peut être trouvée dans les statistiques suisses de l'électricité 2019 (ESt 2019). Puisque les experts savent mieux que moi, j'utilise leurs informations. (Cela signifie également que les besoins en électricité d'un ménage de 2 à 3 personnes ne sont pas de 3000 à 4000 kWh mais plutôt de 5000 kWh!)

Si nous supposons, comme ci-dessus, que la quantité d'électricité requise peut être réduite de 50% en raison de gains d'efficacité et, espérons-le, d'un comportement plus économique des ménages, nous arriverions à environ **$0{,}94 \times 10^{10}$ kWh**.

En essayant d'estimer la surface totale des surfaces adaptées au photovoltaïque dans tous les bâtiments résidentiels, j'ai pris en compte diverses données statistiques (également de différentes années). L'OFS a présenté les chiffres suivants pour 2019 (sous « Aperçu général « Bâtiments » par cantons 2019 »).

Nombre de bâtiments résidentiels	Quantité
Total	1'756'927
Bâtiments purement résidentiels	1'476'501
Maisons individuelles	1'000'700
Maisons multifamiliales	474'801
Bâtiments résidentiels à usage secondaire	198'289
Bâtiments à usage résidentiel partiel	82'137

Malheureusement, aucune information n'a été trouvée sur la superficie moyenne au sol ou le nombre de bâtiments dans les secteurs de l'industrie et des services. La fiche 2014 « Consommation énergétique des bâtiments » de la conférence des directeurs cantonaux de l'énergie suppose un total de 2,3 millions de bâtiments, dont 1,67 million (72,6%) sont résidentiels (chiffres 2012). Apparemment, les meilleures statistiques détaillées sur les bâtiments, qui incluent également les bâtiments sans utilisation résidentielle, datent de 1990 (www.energie-gedanken.ch/statistische-zahlen-schweiz; dernier accès: 09/02/2021). J'utilise cette statistique pour déterminer des données relatives sur la surface totale (surface au sol) de différents types de bâtiments en supposant que les relations n'ont pas beaucoup changé :

Type de bâtiment	Surface de plancher brute 10^6 m^2	Nombre de bâtiments en %	Surface de plancher relative (10^6 m^2 x %)
Bâtiment industriel	84	4.96	416,6
Bâtiment de services	127	5.91	750,6
Bâtiments résidentiels mixtes	69	6.71	464,0
Dépendances	28	17.62	493,4
Bâtiments agricoles	99	21.08	2'086,9
Bâtiments purement résidentiels	265	43.72	11'585,8
Total		100	15'796,3

Nombre de bâtiments: 2'156'400

Part relative de la superficie des immeubles à usage résidentiel en 1990 : 79,4%. Plus de 68% des bâtiments (1'466'000) étaient des bâtiments à usage résidentiel.

Superficie totale de tous les toits de bâtiments susceptibles d'être utilisés pour la production PV selon Walch et al. (2020): 267 km^2 (convenable: 56,4%): 151 km^2

Superficie totale de tous les toits compatibles PV des bâtiments à usage résidentiel : 151 km^2 x 0,794 = 120 km^2

Superficie totale de tous les toits et façades compatibles PV des bâtiments à usage résidentiel (extrapolée en utilisant l'estimation SFOE mentionnée ci-dessus): 161 km^2

L'électricité PV qui peut être produite: **2,42 x 10^{10} kWh.**

En ce qui concerne le chauffage et la production d'eau chaude sanitaire, l'objectif serait de remplacer les combustibles fossiles utilisés dans ce domaine. Pour simplifier les choses, je suppose que tous les systèmes de chauffage au gaz ou au mazout existants seraient remplacés par des systèmes géothermiques (ou comparables). Les statistiques énergétiques globales 2019 de l'OFEN montrent que les ménages consomment des combustibles pétroliers avec un contenu énergétique de 66 740 TJ (1,85 x 10^{10} kWh) et du gaz avec un contenu énergétique de 47 730 TJ (1,33 x 10^{10} kWh). (La quantité de gaz nécessaire à la cuisson est négligeable.)

La référence pour l'efficacité énergétique des pompes à chaleur (dans les systèmes géothermiques) est leur coefficient de performance annuel (COP$_a$), qui indique la relation entre « production de chaleur » et consommation d'électricité. Lorsqu'il est utilisé de manière très efficace, le COP$_a$ peut atteindre environ 4,5.

Il faudrait donc **0,71 x 10^{10} kWh** d'électricité pour substituer les combustibles fossiles.

D'ici 2050, 30% des bâtiments existants devraient avoir été rénovés énergétiquement (réduction de la consommation d'énergie d'environ 60%). Ces rénovations seront essentiellement indépendantes du type de système de chauffage installé. Je suppose que toute l'énergie non électrique (158'140 TJ ou 4,40 x 10^{10} kWh; GESt 2019) qui est consommée par les ménages est utilisée pour le chauffage ou l'eau chaude. Seulement 72% de cette quantité d'énergie est produite avec des combustibles fossiles. On s'attend donc à ce que seulement 21,6% des bâtiments concernés soient rénovés (et convertis à l'énergie géothermique).

La quantité d'électricité PV qui devrait être utilisée pour remplacer les combustibles fossiles serait alors de **0,62 x 10^{10} kWh.**

La quantité totale d'électricité nécessaire pour la consommation électrique des ménages et la production de chauffage / eau chaude serait de **1,56 x 10^{10} kWh**.

Cette quantité d'énergie pourrait être produite sur des surfaces adaptées des bâtiments suisses à usage résidentiel (24,2 TWh).

Cependant, nous n'avons pas encore inclus le caractère saisonnier de la production d'électricité à l'aide du photovoltaïque. Au cours du semestre d'hiver, nous avions besoin de 10,4 TWh, mais les systèmes photovoltaïques ne produiraient (théoriquement) que 6,5 TWh. Si une option de stockage efficace (décentralisée) pour la production estivale excédentaire pouvait être trouvée, alors le scénario pourrait fonctionner.

La quantité d'électricité nécessaire pour le semestre d'hiver pourrait-elle être stockée à l'aide de batteries ? L'efficacité des batteries lithium-ion est d'environ 90% et l'autodécharge est d'environ 1% sur 6 mois.

Stockage pour la consommation hivernale d'électricité des ménages: 0,22 x 10^{10} kWh

Stockage pour consommation hiver chauffage / eau chaude: 0,42 x 10^{10} kWh

Un ménage moyen devrait stocker 1,68 x 10^3 kWh d'électricité. Si, par exemple, des batteries au lithium fer phosphate étaient utilisées, la masse des batteries nécessaires serait d'environ **18,7 tonnes de batteries (par foyer). Le volume des batteries serait d'environ 9 m^3 (soit 9'000 litres)**.

Au prix actuel d'environ 100 francs / kWh, le coût des batteries serait d'environ **170'000 francs par ménage**.

71,1 millions de tonnes de batteries seraient nécessaires pour tous les ménages en Suisse. Est-il même possible d'acheter des batteries d'une capacité de 6.4 TWh ? La réponse est un non catégorique : la capacité de production mondiale de batteries lithium-ion attendue pour 2028 est de 2 TWh (www.energycentral.com/c/ec/world-battery-production; dernière consultation: 26 janvier 2021).

L'utilisation de la technologie P2G serait probablement le seul moyen réaliste de stocker l'énergie photovoltaïque nécessaire pour le semestre d'hiver. Dans les exemples suivants, j'examine le stockage de l'électricité photovoltaïque en excès en été sous forme d'hydrogène.

Vaillant a développé une pile à combustible qui a un rendement énergétique global de 93% et un rendement électrique de 33% (http://www.bine.info/fileadmin/content/ Publications /

Projekt-Infos / 2016 / Projekt_10-2016 / ProjektInfo_1016_engl_internetx .pdf; dernier accès: 26 janvier 2012). Je prendrai en compte une perte d'électrolyse (80% d'efficacité) et une perte supplémentaire pour la compression de l'hydrogène (85% d'efficacité).

E_0: Besoin énergétique de l'électricité domestique: $0,94 \times 10^{10}$ kWh; E_{00}: Besoin énergétique chauffage / eau chaude: $0,62 \times 10^{10}$ kWh; E_{000}: Besoin énergétique pour le chauffage / eau chaude avec tous les bâtiments rénovés: $0,28 \times 10^{10}$ kWh; E_1: quantité d'électricité qui devrait être produite pour les besoins des ménages; E_2: quantité d'électricité qui devrait être produite pour le chauffage / la préparation de l'eau chaude; E_{20}: comme E_2 mais utilise la chaleur résiduelle de la pile à combustible; COP_a (taux de travail annuel) = 4,5

Électricité domestique (E_1):**$1,33 \times 10^{10}$ kWh**

Chauffage et eau chaude (E_{20}): **1.09×10^{10} kWh**

La demande d'électricité qui devrait être couverte par le PV serait de $1,33 \times 10^{10}$ kWh pour l'électricité domestique et de $1,09 \times 10^{10}$ kWh pour le chauffage et l'eau chaude. Le besoin énergétique total pour les deux zones serait de **$2,42 \times 10^{10}$ kWh = 24,2 TWh**. C'est exactement ce qui pourrait théoriquement être produit sur toutes les surfaces appropriées des bâtiments à usage résidentiel (24,2 TWh).

Calculons à nouveau le tout avec une pile à combustible qui a un rendement électrique de 60%. Dans un premier calcul, nous supposons que la chaleur de procédé générée dans la pile à combustible n'est pas utilisée.

Électricité domestique (E_1): **$1,16 \times 10^{10}$ kWh**

Zone de chauffage et d'eau chaude (E_2): **$1,04 \times 10^{10}$ kWh**

Les besoins énergétiques totaux pour les deux zones seraient de **$2,20 \times 10^{10}$ kWh = 22,0 TWh**. Cette quantité d'énergie n'est que très peu inférieure à la quantité d'énergie qui pourrait théoriquement être produite sur toutes les surfaces des bâtiments à usage résidentiel (**24,2 TWh**).

Regardons cela à nouveau en supposant que la même pile à combustible a un rendement global de 93% (comme la pile Vaillant). L'énergie thermique résultante serait également utilisée pour le chauffage / la préparation d'eau chaude. La demande d'électricité qui devrait être couverte par le PV serait alors de **$2,11 \times 10^{10}$ kWh = <u>21,1 TWh</u>**. Cette quantité d'énergie pourrait théoriquement être produite sur la surface du bâtiment existant (**24,2 TWh**). La récupération de la chaleur du procédé n'a réduit que relativement peu la quantité d'énergie PV requise.

Dans les scénarios calculés ci-dessus, il faudrait autant ou légèrement moins d'électricité que ce qui pourrait être produit sur toutes les surfaces de bâtiments appropriées. Cela ne fonctionnerait probablement pas dans le monde réel. Tout d'abord, il faut souligner à nouveau que les calculs présentés sont des estimations. Les vrais chiffres pourraient être différents. Je n'ai pas non plus pris en compte les pertes qui résulteraient du stockage de l'hydrogène comprimé. Bien que ces pertes devraient être faibles, comme mentionné dans un travail de Karsten Müller (Müller (2019)), elles ne seront pas nulles. De plus, il faut tenir compte du fait que la production d'électricité PV dépend de la météo et ne colle pas aux valeurs moyennes. Une situation de mauvais temps prolongée pourrait rapidement causer des difficultés. En outre, l'idée idéale selon laquelle le chauffage et l'eau chaude est fournie partout au moyen de systèmes géothermiques ne sera pas pleinement réalisable. Pour parvenir à une sécurité d'approvisionnement acceptable, il faudrait pouvoir se débrouiller avec une quantité d'électricité bien inférieure à celle qui pourrait théoriquement être produite.

Cette réduction pourrait-elle être obtenue avec la rénovation complète de tous les bâtiments?

Si tous les bâtiments étaient entièrement rénovés, nous aurions un besoin énergétique estimé de **$1{,}16 \times 10^{10}$ kWh** pour l'électricité et de **0.41×10^{10} kWh** pour le chauffage et l'eau chaude sanitaire, soit un total de **1.57×10^{10} kWh**.

Cela correspond à un peu moins des deux tiers de la quantité d'énergie PV qui pourrait être générée sur les surfaces des bâtiments (24,2 TWh). Cette marge de sécurité pourrait être suffisante.

L'hydrogène pour le semestre d'hiver pourrait-il même être stocké localement ? Les scénarios ci-dessus concernaient le stockage de l'hydrogène sous forme comprimée. Dans le dernier scénario, **l'hydrogène comprimé à 700 bar représenterait un réservoir de 890 litres par ménage**.

Cela semble être un point positif: au moins en termes de volume, le stockage d'une quantité adéquate d'hydrogène comprimé semble réalisable.

La quantité d'énergie pouvant être produite sur toutes les surfaces des bâtiments (y compris les bâtiments à usage industriel, tertiaire et agricole) pourrait-elle être suffisante pour alimenter les bâtiments résidentiels en électricité et en même temps chauffer tous les bâtiments chauffables avec des énergies renouvelables?

Les quantités d'énergie fossile consommées par l'industrie et le secteur des services sont connues (GESt 2019):

Industrie: 52240 TJ (hors charbon)

Secteur des services: 56020 TJ

La quasi-totalité de l'énergie fossile est utilisée dans le secteur des services pour le chauffage et la production d'eau chaude. Cela semble différent pour l'industrie. Selon « Analyse des Schweizerischen Energieverbrauchs 2000-2019 nach Verwendungszwecken » de l'OFEN (téléchargée le 30 avril 2021), des combustibles d'une teneur énergétique de 16'400 TJ ont été utilisés pour le chauffage des locaux et l'eau chaude sanitaire (dont 7'390 TJ de chauffage urbain). Je suppose que les combustibles restants étaient principalement du gaz naturel et du mazout.

Au total, une quantité d'énergie fossile de $1,81 \times 10^{10}$ kWh a été utilisée pour le chauffage et l'eau chaude sanitaire.

Les autres hypothèses qui ont été faites pour le secteur des ménages devraient également s'appliquer aux autres secteurs:

- tous les bâtiments sont rénovés énergétiquement;

- le chauffage et la préparation de l'eau chaude se fait au moyen de systèmes géothermiques (ou similaires);

- l'excès d'électricité PV d'été est stocké sous forme d'hydrogène;

- des piles à combustible avec un rendement global de 93% et un rendement électrique de 60% sont utilisées.

La demande d'énergie pour le chauffage des locaux et l'eau chaude sanitaire dans le secteur des services et l'industrie serait donc de $0,16 \times 10^{10}$ kWh.

La demande d'électricité des bâtiments à usage résidentiel qui devraient être couverts par le PV serait de $1,16 \times 10^{10}$ kWh, et la demande pour la zone de chauffage et d'eau chaude de tous les bâtiments chauffables serait de $0,67 \times 10^{10}$ kWh. Le besoin énergétique total pour les deux zones serait de $1,83 \times 10^{10}$ kWh = 18,3 TWh. Il devrait être possible de produire de manière fiable cette quantité d'énergie sur l'espace du bâtiment existant (30,3 TWh).

À quel point les résultats sembleraient-ils pires si l'efficacité des pompes à chaleur dans les systèmes géothermiques était inférieure à ce que l'on pensait? Réduisons le facteur de performance annuel de 4,5 à 3,5.

La demande d'électricité à couvrir avec le PV serait de 20,1 TWh. Théoriquement, 30,3 TWh pourraient être produits. Ce scénario devrait également fonctionner.

L'électricité PV nécessaire à la mobilité ne pourrait pas être produite sur les surfaces des bâtiments. Des parcs photovoltaïques devraient être construits pour générer cette quantité d'énergie. La modeste expansion prévue des centrales à stockage ne permettrait pas une mobilité purement électrique. Étant donné que le stockage de l'hydrogène dans l'ordre de grandeur requis serait beaucoup trop coûteux (et peut-être techniquement impossible), je suppose que la mobilité serait opérée en partie avec du méthanol. En utilisant des piles à combustible, le méthanol serait converti en énergie électrique, qui serait utilisée pour conduire des véhicules à moteur électrique.

Comme discuté dans le chapitre précédant, cette motorisation aurait un besoin en électricité de $2,13 \times 10^{10}$ kWh. La zone PV qui devrait être disponible pour la production de cette quantité d'énergie serait de **142 km²**. Pour assurer une certaine sécurité d'approvisionnement, il faudrait s'attendre à une zone PV de plus de 210 km².

Les quantités énormes et fluctuantes d'électricité qui seraient produites par de tels parcs photovoltaïques pourraient ne pas être gérables. Par conséquent, une mobilité à base de méthanol pur pourrait être préférée. Le méthanol serait produit de manière centralisée et l'électricité utilisée à cette fin n'entrerait pas dans le réseau. La quantité d'énergie requise serait de 293 km² et, avec une marge de sécurité, probablement supérieure à 439 km².

Il serait nécessaire de créer des installations industrielles combinant d'énormes systèmes PV, des systèmes d'électrolyse, des systèmes de production de méthanol et des centrales électriques utilisant la combustion du bois (ou autres sources de CO_2 renouvelables).

6.1. Conclusion

Avec la rénovation complète de tous les bâtiments, les gains d'efficacité des systèmes électriques (éclairage, services du bâtiment, électroménagers, etc.), l'utilisation cohérente de l'énergie géothermique pour la production de chaleur et l'utilisation de piles à combustible à haut rendement, il serait mathématiquement possible de produire les quantités d'énergie qui seraient nécessaires pour la fourniture électrique des ménages ainsi que les besoins en chauffage et en eau chaude de manière décentralisée sur les surfaces des bâtiments au moyen du photovoltaïque. Il devrait même être possible d'alimenter tous les bâtiments des secteurs industriels et des services en chauffage et en eau chaude. Les fluctuations de la production et de la consommation d'électricité seraient compensées par des batteries. L'excès d'électricité serait utilisé pour produire de l'hydrogène, qui serait comprimé et stocké localement. Cet hydrogène serait reconverti en électricité en hiver grâce à des piles à combustible. Étant donné que la production et la consommation d'électricité dans les maisons unifamiliales, les immeubles à appartements, les immeubles de bureaux, les immeubles avec des magasins, les bâtiments industriels, etc. seraient différentes, il serait nécessaire d'installer des microréseaux décentralisés ou des AEG. De tels réseaux pourraient être créés par les municipalités et les villes au cours des travaux d'entretien des routes. Les réseaux décentralisés seraient connectés au réseau centralisé, mais fonctionneraient essentiellement indépendamment.

Plusieurs difficultés devraient être surmontées dans la mise en œuvre d'un tel concept. L'une de ces difficultés concerne la sécurité de l'approvisionnement. Dans les scénarios les plus avantageux, la consommation d'électricité attendue était légèrement inférieure aux deux tiers de la production attendue. Dans le rapport final du 25 janvier 2021 de l '« Studie Winterstrom Schweiz – Was kann die heimische Photovoltaik beitragen » (OFEN), j'ai pu lire que, sur la base des valeurs d'irradiation pour les années 2004-2018, la production d'électricité photovoltaïque la plus faible possible (en additionnant les pires valeurs de production mensuelles - un scénario qui ne s'est probablement jamais produit auparavant) devrait être autour 79,6% de la production normale (valeurs médianes additionnées). La sécurité d'approvisionnement devrait donc normalement être garantie. Cependant, il devrait toujours y avoir un scénario de repli pour les situations exceptionnelles. La production d'énergie éolienne prévue de $5,1 \times 10^9$ kWh pourrait nous aider un peu si les systèmes correspondants étaient effectivement construits. Une extension supplémentaire des parcs photovoltaïques (qui serait nécessaire pour produire de l'électricité pour la mobilité) devrait être envisagée.

Le stockage de l'hydrogène est encore aujourd'hui un problème largement non résolu. On ne sait toujours pas si l'hydrogène devrait être comprimé ou stocké sous forme liquide ou si d'autres options de stockage (absorption, hydrures métalliques ou hydrures « chimiques») pourraient être plus avantageuses (Andersson et Grönkvist (2019)). Même l'option la plus simple, à savoir le stockage sous une pression de 700 bars, n'est en aucun cas totalement développée. De petits réservoirs en matériau composite pourraient être développés pour être utilisés dans des véhicules, mais il n'existe pas encore de plus grands réservoirs fixes (Rivard et al. (2019)). Lors de l'estimation du volume d'hydrogène à stocker, je suis arrivé à un peu moins d'un mètre cube par ménage (à 700 bar). La fabrication et l'installation de tels réservoirs, en particulier pour les immeubles d'appartements, ne seraient pas une mince affaire. Il existe également encore un besoin considérable de développement dans les piles à combustible et les systèmes d'électrolyse (PEM). Les piles à combustible et les systèmes d'électrolyse PEM utilisent le platine (électrodes), un métal de transition rare (aussi rare que l'or) et coûteux. Des efforts sont en cours pour remplacer le platine par des plastiques conducteurs, par exemple: (https://www.weltderphysik.de/gebiet/technik/news/2008/brennstoffzellen-ohne-platin-halten-laenger/; accès: 05.05.2021).

Cependant, c'est encore loin. Enfin, il convient également de mentionner que les questions sur la sécurité de l'utilisation de l'hydrogène dans les secteurs de l'immobilier et de la maison sont encore largement sans réponse.

Mes calculs sont basés sur l'hypothèse que le chauffage et la préparation d'eau chaude se feraient en grande partie à l'aide de systèmes géothermiques ou analogues. J'ai également fait l'hypothèse que toutes les surfaces de bâtiments disponibles seront équipées de panneaux photovoltaïques et que tous les bâtiments seront rénovés énergétiquement. Si le photovoltaïque n'était pas entièrement développé, si un nombre considérable de bâtiments n'étaient pas chauffés de manière économe en énergie avec de la géothermie ou des systèmes comparables *, ou si la rénovation des bâtiments ne se passait pas beaucoup mieux qu'aujourd'hui, alors les calculs ne fonctionneraient pas. Une question centrale serait donc de savoir comment réaliser une mise en œuvre plus ou moins complète de ces projets d'agrandissement et de rénovation. Il ne s'agit pas seulement de convaincre les gens du projet, mais aussi des capacités industrielles qui devraient être disponibles. Comme mentionné, il faut craindre qu'un grand nombre des systèmes photovoltaïques requis, y compris les modules photovoltaïques, les systèmes d'électrolyse compacts, les piles à combustible, les compresseurs et les réservoirs à partir de matériaux composites devraient être fabriqués dans le pays. Les capacités pour cela ne sont certainement pas disponibles. De plus, les entreprises commerciales et de construction, telles qu'elles sont actuellement créées, ne seraient probablement pas en mesure de réaliser les mesures structurelles nécessaires, à savoir la rénovation énergétique de bien plus d'un million de bâtiments, l'installation (dans ces bâtiments) de systèmes géothermiques ou des systèmes de chauffage analogiques, l'installation complète de systèmes photovoltaïques, l'installation de la technologie P2G, y compris les terrassements pour le stockage de l'hydrogène. Même si les capacités industrielles pouvaient être construites à temps, il ne faudrait pas négliger le fait que d'énormes quantités d'énergie devraient être investies dans la conversion. Comme estimé dans ce chapitre, la production des modules photovoltaïques requis à elle seule consommerait plus que la quantité totale d'énergie consommée par la Suisse en un an. On peut supposer que nous n'aurions pas un chemin énergétique décroissant devant nous à moins que nous continuions à faire peu.

On sait depuis un certain temps que la mise en œuvre cohérente de la géothermie atteindra ses limites dans les grandes villes. Un réseau dense de systèmes géothermiques entraîne des phénomènes d'interférence, c'est-à-dire que le sous-sol se refroidit et que l'efficacité des systèmes dans les alentours diminue. Il ne sera donc pas possible d'installer le nombre nécessaire de systèmes individuels qui seraient nécessaires pour la fourniture de chauffage et d'eau chaude. Ce problème ne devrait pas se poser dans la plupart des régions suburbaines et rurales (Walch et al. (2021)). Le potentiel géothermique des villes pourrait être augmenté en régénérant les champs de forage géothermique. La chaleur provenant de diverses sources, y compris la chaleur résiduelle, serait utilisée pour restituer la chaleur au sol pendant les mois d'été. Des systèmes plus grands avec une récupération de chaleur à 100% pourraient être construits. D'autres sources de chaleur pourraient être utilisées. Les villes sont idéales pour le chauffage urbain. Ce n'est pas un hasard si la plupart des grandes villes sont situées sur des lacs et de grandes rivières. Cela offrirait la possibilité d'utiliser l'énergie thermique de ces lacs et rivières au lieu de l'énergie géothermique. Une étude de l'Institut fédéral pour l'approvisionnement en eau, le traitement des eaux usées et la protection des eaux (Eawag) a montré que le potentiel thermique des plans d'eau à proximité immédiate des grandes villes est généralement supérieur à la demande de chauffage et de préparation d'eau chaude (Gaudard et al. (2018)), hormis peut-être dans la région de Zurich. Néanmoins, l'utilisation de l'énergie thermique du lac pourrait apporter une contribution importante.

Si l'approvisionnement en électricité des ménages basé sur l'énergie photovoltaïque et la production de chauffage des locaux et d'eau chaude dans tous les bâtiments non agricoles pouvaient être assurés, comme discuté dans ce chapitre, alors la consommation de combustibles fossiles (mazout léger) et de gaz naturel pourrait atteindre 227'510 TJ à 43'230 TJ, soit une réduction de plus de 80%. Les quantités restantes sont principalement utilisées par l'industrie, dont une grande partie est utilisée pour générer de la chaleur de procédés. On peut supposer que la chaleur de procédés pourrait souvent être également générée électriquement (et lorsque cela n'est pas possible, d'autres processus pourraient au mieux être utilisés). Cependant, cela augmenterait la demande d'électricité. Sans l'énergie nucléaire et l'électricité produite à partir de combustibles fossiles et en soustrayant la quantité d'électricité consommée aujourd'hui par les transports, il resterait aux secteurs de l'industrie et des services environ 55% de l'électricité consommée aujourd'hui. Leur part actuelle est de 57%. Il est possible que les gains d'efficacité attendus dans le secteur des services, aussi bien que dans le secteur des ménages, puissent largement compenser la demande accrue d'électricité pour la production de chaleur industrielle. Là où un substitut aux combustibles fossiles n'est pas possible, le CO_2 généré devrait être capté et stocké.

La puissance photovoltaïque requise pour la mobilité motorisée électriquement ne pouvait pas être produite sur les surfaces des bâtiments. Il faudrait donc construire des parcs photovoltaïques. Pour compenser la baisse de la production d'énergie photovoltaïque au cours du semestre d'hiver, il faudrait stocker l'énergie d'été. En l'absence d'autres options, le stockage devrait être effectué à l'aide des technologies P2G. Je ne pense pas que l'hydrogène serait un bon carburant. Une toute nouvelle infrastructure de transport, de stockage et de distribution devrait être construite. Le méthanol serait bien meilleur car il est liquide à température ambiante. Des parties des structures existantes (stations-service, stockage obligatoire, gazoducs, etc.) pourraient être utilisées pour le transport, le stockage et la distribution. La zone PV qui serait théoriquement nécessaire (pas de protection contre des conditions météorologiques défavorables) pour permettre la mobilité dans le cadre actuel serait d'environ <u>142 km²</u>. Ce chiffre s'appliquerait à la mobilité qui serait principalement alimentée par l'électricité et utiliserait du méthanol pour compenser la baisse de la production d'électricité en hiver. Si, pour des raisons techniques, la mobilité devait être entièrement exploitée au méthanol, la superficie totale des parcs photovoltaïques requis serait de <u>293 km²</u>. <u>Ce domaine ne suffirait qu'en théorie. Afin de sécuriser l'approvisionnement, cette superficie devrait être estimée 1,5 à 2 fois plus grande.</u> Les dimensions de ces parcs photovoltaïques seraient monstrueuses. De plus, de gigantesques systèmes d'électrolyse et des systèmes de production de méthanol devraient être construits. L'approvisionnement énergétique pour la mobilité sera probablement notre plus gros problème. Le trafic de personnes et de marchandises sur la route devrait être considérablement réduit.

Il devrait être clair pour tout le monde que cela est possible. Le trafic de loisirs est responsable de 44% des kilomètres parcourus en trafic passagers. Pourquoi devons-nous voyager dans tout le pays pour aller à un concert ? Pourquoi devons-nous parcourir 200 km chaque week-end pour pouvoir passer la nuit dans notre maison de vacances ? Pourquoi devons-nous parcourir 50 km pour emmener notre fille à l'université ? Pourquoi faut-il faire 25 km pour faire du shopping dans un centre commercial de la ville voisine, simplement parce que cela nous convient un peu mieux que notre magasin, ou parce que le parking est gratuit là-bas ? Pourquoi devons-nous même aller à faire des achats en voiture si nous pouvions le faire à vélo sans trop d'efforts ? Il existe également d'innombrables opportunités d'économies dans le secteur des services. Pourquoi une entreprise de Thurgovie doit-elle rénover les sols des balcons d'une propriété genevoise ? Pourquoi un plombier genevois répare-t-il un système de chauffage à Lausanne ? Pourquoi quelqu'un cherche-t-il un appartement à 100 km de son lieu de travail, alors qu'un appartement est disponible au coin de la rue ? Parce qu'il veut dépenser 200 francs de moins en loyer, ou parce qu'il se sentirait stressé de vivre à proximité immédiate du bureau ? Ou pourquoi une entreprise comme Migros doit-elle faire d'innombrables voyages chez les fournisseurs et les succursales parce que même dans la plus petite succursale, elle doit maintenir un assortiment de milliers d'articles ? Je ne doute pas un seul instant que les kilomètres parcourus puissent être réduits de moitié avec des exigences un peu plus modestes ou un peu plus de bon sens. L'autre concerne les véhicules. Pourquoi ne pouvons-nous pas nous déplacer dans une voiture avec la moitié de la puissance ? Pourquoi pensons-nous que nous sommes écologiques lorsque nous remplaçons notre voiture de milieu de gamme par un camion monstre électrique ? La dépense énergétique pourrait être divisée par deux. De cette manière, $200\ km^2$ de surface photovoltaïque requise deviendraient $50\ km^2$. Il suffit de le vouloir, et les autorités devraient essayer de créer des incitations réfléchies. Une limite de 95 g de CO_2 / km pour les voitures neuves (comme le prévoyait la nouvelle loi sur le CO_2 rejetée) sans incitation effective à renoncer à l'achat d'un gigantesque SUV ou d'un monster truck électrique n'est pas cohérente.

Dans les scénarios décrits dans ce chapitre, la production et la consommation d'énergie dans les bâtiments (électricité du bâtiment, chauffage et préparation d'eau chaude) se feraient essentiellement indépendamment du réseau électrique. Avec la mobilité du méthanol pur, la production de carburant pourrait également avoir lieu de manière autonome. Une expansion massive du réseau électrique ne serait probablement pas centrale. D'autre part, des microgrids ou des AEG devraient être créés pour mettre en réseau des bâtiments en petites parties.

Si vous avez découvert une erreur de calcul, je vous serais reconnaissant de vos commentaires sur rvoellmy@hsfpharma.com.

7. L'électricité de l'étranger - encore moins de souveraineté

Comme déjà mentionné, une stratégie énergétique basée sur l'importation de grandes quantités d'électricité serait extrêmement risquée. Nous ne pouvons toujours pas savoir aujourd'hui si les quantités d'énergie nécessaires peuvent être achetées. Il y aurait également deux problèmes désagréables.

7.1. Le premier problème

Même si cela est souvent occulté, l'UE ne souhaite pas poursuivre la voie bilatérale avec la Suisse depuis de nombreuses années. Elle insiste depuis longtemps sur la conclusion d'un accord-cadre destiné à consolider l'adoption dite dynamique du droit de l'UE dans tous les domaines intéressant le marché intérieur. L'UE détermine les problèmes concernés. En dernier lieu, la CJUE surveille le respect du droit de l'UE. Pendant des années, l'UE a adopté la position selon laquelle de nouveaux accords ne peuvent être conclus qu'après la ratification d'un accord-cadre. Si notre stratégie énergétique était basée sur l'importation de grandes quantités d'électricité, alors nous serions dépendants d'un accord sur l'électricité et serions donc contraints d'accepter un accord-cadre à l'avance. En d'autres termes, nous achèterions une voie supposément plus agréable vers une sorte de neutralité CO_2 avec une perte considérable de souveraineté. Selon l'évolution de la situation de l'approvisionnement énergétique européen, nous aurions pu renoncer à une partie de notre souveraineté sans rien en retour.

7.2. Le deuxième problème

Si notre stratégie reposait sur l'achat régulier de grandes quantités d'électricité aux pays de l'UE, nous nous rendrions dépendants de la bonne volonté des pays d'origine. Selon la situation du marché, les prix de l'électricité pourraient augmenter fortement à court ou à long terme. Comme nous importerions beaucoup plus d'électricité que nous n'exporterions, nous serions pleinement exposés à de telles évolutions de prix. Nous pourrions subir tant de dommages économiques. De plus, les États du réseau d'Europe centrale et donc aussi l'UE nous auraient entre nos mains. Avec un peu d'imagination, vous pouvez imaginer des scénarios d'horreur. Par exemple, pourrait-on exiger des compensations au motif que nous alourdissions unilatéralement l'industrie énergétique d'Europe centrale ? Pourrions-nous même être découplés du réseau d'Europe centrale ? Si notre mobilité et notre production de chaleur dépendent de l'électricité importée, nous devrons retourner au bureau à vélo en cas de conflit. Ce serait assez inconfortable à la maison en hiver. Ce risque potentiel existerait également si nos principaux fournisseurs d'électricité étrangers étaient des entreprises suisses. Les États membres du réseau électrique ou l'UE établiront les règles ou les imposeront. Les contrats peuvent également être rompus.

8. Politique et législation Suisse

Il y a beaucoup de discussions et d'écrits en Suisse. Les associations et les politiques travaillent en permanence sur la question de la neutralité CO_2. Personne n'a peur de contribuer. Il y a des banquiers qui écrivent des essais sur le sujet. Les politiciens, y compris ceux qui sont des avocats, des économistes, des historiens, des étudiants perpétuels ou des historiens de l'environnement, dominent la discussion politique. Certains écrivent même des livres. L'OFEN publie des études à intervalles réguliers. Différents mouvements écologistes, qui mobilisent principalement les jeunes, organisent des rassemblements de toutes sortes. Le Mouvement suisse de grève pour le climat et les Verts ont récemment publié leur plan d'action climat et leur plan climat. Ce qu'ils semblent tous avoir en commun est l'objectif ultime, à savoir que la neutralité en matière de CO_2 (ou du moins une réduction significative des émissions de gaz à effet de serre) soit atteinte d'une manière ou d'une autre.

Que se passe-t-il en réalité ? Le programme de construction fédéral et cantonal est en cours depuis 2010. Le programme subventionne partiellement la rénovation des bâtiments et des systèmes de chauffage, avec actuellement une contribution fédérale annuelle de 450 millions de francs. Malgré ce programme, la rénovation des bâtiments ne progresse que lentement : sans accélération supplémentaire, la rénovation totale du parc immobilier prendra 100 ans. Même tous les fonds disponibles ne sont pas collectés. On ne peut que deviner pourquoi les choses avancent si lentement. La rénovation totale des bâtiments est coûteuse. Il s'agit souvent de dizaines de milliers ou de centaines de milliers de francs (voir chapitre suivant). Les contributions financières ne peuvent naturellement jouer qu'un rôle secondaire dans la prise de décision de cette ampleur. En outre, la construction ou l'extension de systèmes photovoltaïques, de systèmes hydroélectriques et de systèmes à biomasse est encouragée par des contributions d'investissement.

Après la catastrophe de Fukushima en 2011, le Conseil fédéral a décidé, avec le soutien du parlement, de rendre impossible la construction de nouvelles centrales nucléaires. Cette interdiction a été intégrée dans la loi sur l'énergie de 2016 (à l'article 12a de la loi sur l'énergie nucléaire).

La loi sur l'énergie de 2016 est une base juridique importante pour la restructuration du système énergétique. En 2019, la consommation d'électricité était de 57,2 TWh. Sur ce total, **32,3 TWh** provenaient de l'hydroélectricité. L'article 2 stipule que la production d'électricité à partir de l'hydroélectricité devrait être portée à **37,4 TWh** d'ici 2035. La production d'électricité à partir d'énergies renouvelables devrait augmenter de **7 TWh** entre 2020 et 2035. Par rapport à la demande attendue en 2050, ce sont des exigences très modestes. Les exigences de consommation par habitant sont beaucoup plus élevées. Selon l'article 3, la consommation d'énergie doit être réduite de 43% d'ici 2035 et la consommation d'électricité de 13% par rapport à 2020. Les articles 8 et 11 ne peuvent pas déterminer de manière concluante qui est, en dernier ressort, responsable d'un système énergétique sûr. S'agit-il du gouvernement fédéral, des cantons ou de « l'industrie de l'énergie » ? Les articles 11 à 14 déclarent l'utilisation des énergies renouvelables et leur expansion comme un intérêt national qui est sur un pied d'égalité avec les autres intérêts nationaux. Cela crée une base juridique au moyen de laquelle les blocages par des organismes visant à protéger la nature ou le territoire (à quelques exceptions près) pourraient être assouplis (mais pas sans aller devant les tribunaux). Le reste de la loi réglemente l'injection d'électricité à partir d'énergies renouvelables, les associations de producteurs individuels, la rémunération des gestionnaires de réseau, les contributions d'investissement ou de rémunération ponctuelle et la promotion de l'expansion des énergies renouvelables (photovoltaïque, hydroélectricité, biomasse) et une prime de marché pour l'électricité provenant de grandes centrales hydroélectriques (paiement de compensation). L'article 35 traite d'une surtaxe de réseau qui doit être payée par les opérateurs de réseau mais qui peut être répercutée sur les consommateurs finaux. La surtaxe réseau peut s'élever à un maximum de 2,3 centimes / kWh (soit environ 115 CHF par an et par foyer). La surtaxe de réseau sert à alimenter un fonds de surtaxe de réseau qui soutient les mesures de financement fédérales. Un mécanisme de redistribution est introduit avec l'article 39. Afin de réduire la consommation d'énergie, le gouvernement fédéral peut adopter des dispositions en vertu de l'article 44 pour la mise sur le marché de systèmes, d'appareils et de véhicules. En vertu de l'article 45, les cantons doivent édicter des règlements sur l'utilisation économique et efficace de l'énergie dans les bâtiments neufs et existants, en particulier sur la part maximale autorisée d'énergies non renouvelables pour couvrir la demande de chaleur pour le chauffage et l'eau chaude. Un certificat de performance énergétique du bâtiment, qui peut être déclaré obligatoire, doit également être introduit.

La loi fédérale de 2011 sur la réduction des émissions de CO_2 (loi sur le CO_2) est toujours en vigueur aujourd'hui. L'objectif déclaré de cette loi est de réduire les émissions de gaz à effet de serre. La loi vise à garantir que l'élévation de la température mondiale reste inférieure à 2°C (article 1). Les exploitants d'usines qui émettent beaucoup de gaz à effet de serre, y compris les exploitants du trafic aérien, sont tenus de participer à un système communautaire d'échange de quotas d'émission (SCEQE) (article 16). Leurs émissions doivent être compensées par des droits d'émission et des certificats de réduction des émissions. Les droits d'émission sont en partie attribués et en partie mis aux enchères (article 2). Les certificats de réduction des émissions peuvent être acquis dans le cadre de projets à l'étranger qui permettent une réduction durable des émissions. La participation volontaire au SCEQE est également possible. En principe, les participants au SCEQE se voient rembourser la taxe sur le CO_2 (article 17). En vertu de l'article 9, les cantons doivent veiller à ce que les émissions de CO_2 des bâtiments chauffés aux combustibles fossiles soient réduites conformément à l'objectif. Pour ce faire, ils édictent des normes de construction pour les bâtiments neufs et anciens en fonction de l'état actuel de la technique. Les valeurs maximales des émissions moyennes de CO_2 des voitures, camionnettes de livraison et camions légers articulés nouvellement mis sur le marché en 2015 et 2020 sont spécifiées à l'article 10. Le Conseil fédéral doit également proposer en temps utile des valeurs maximales pour la période après 2020. Les importateurs et tous les fabricants nationaux sont tenus de respecter les nouvelles valeurs limites de leur flotte. Le dépassement de la limite sera sanctionné par des amendes précisément définies (article 13). L'article 26 introduit une surcharge de compensation sur le carburant d'un maximum de 5 centimes le litre. En vertu de l'article 29, une taxe sur le CO_2 de 36 à 120 francs par tonne de CO_2 est prélevée sur la production, l'extraction et l'importation de combustibles. Sous certaines conditions, la taxe sur le CO_2 peut être remboursée (articles 31 à 32). Les revenus de la taxe sur le CO_2 sont en partie utilisés pour la rénovation des bâtiments (jusqu'à 450 millions de francs par an) et la promotion des systèmes géothermiques de chauffage et eau chaude (jusqu'à 30 millions de francs / an). La plupart de ce qui reste doit être redistribué à la population et à l'économie (article 36).

La loi fédérale sur la réduction des émissions de gaz à effet de serre de 2020 a été rejetée par la population lors du vote référendaire du 13 juin 2021. Je pense qu'il vaut la peine d'examiner de plus près le texte législatif rejeté, car il reflète les idées actuelles du gouvernement. La loi rejetée est une nouvelle édition de la loi CO_2 de 2011. L'objectif fondamental reste le même. Les autres nobles objectifs sont intéressants, à savoir réduire les émissions de gaz à effet de serre dans une mesure qui n'excède pas la capacité d'absorption des puits de carbone, accroître la capacité d'adaptation aux effets néfastes du changement climatique et gérer les flux de fonds dans le but de favoriser les systèmes à faibles émissions afin de résister au changement climatique (article 1). Selon l'article 3, les émissions de gaz à effet de serre en 2030 ne peuvent pas dépasser 50 pour cent des émissions de gaz à effet de serre en 1990. En moyenne pour les années 2021-2030, les émissions de gaz à effet de serre doivent être réduites d'au moins 35% par rapport à 1990. Au moins les trois quarts de la réduction des émissions de gaz à effet de serre devraient être atteints grâce à des mesures mises en œuvre à l'intérieur du pays. Le Conseil fédéral devrait présenter au Parlement en temps utile les objectifs de réduction pour les années après 2030. En vertu de l'article 9, les cantons veillent à ce que les émissions de CO_2 des énergies fossiles émises par tous les bâtiments en Suisse soient réduites de 50% en moyenne pour les années 2026 et 2027 par rapport à 1990. À cette fin, ils publient des normes de construction et de rénovation pour les bâtiments neufs et existants. L'article 10 semble fournir un plan sur la manière d'atteindre cet objectif :

À partir de 2023, les bâtiments anciens dont le système de génération de chaleur pour le chauffage et l'eau chaude sera remplacé pourront émettre un maximum de 20 kg de CO_2 d'origine fossile par m^2 de surface de référence énergétique (total de toutes les surfaces de plancher chauffées) en un an. La valeur doit être réduite par étapes de cinq ans de 5 kg de CO_2 à chaque fois.

Les nouveaux bâtiments ne sont généralement pas autorisés à générer des émissions de CO_2 provenant des combustibles fossiles grâce à leur système de génération de chaleur pour le chauffage et l'eau chaude.

L'approvisionnement en énergies renouvelables gazeuses ou liquides neutres en CO_2 peut être crédité à hauteur de 50% maximum. La proportion peut être augmentée jusqu'à 100% si des mesures relatives à l'efficacité sont démontrées en même temps. Il s'agit notamment des rénovations énergétiques de l'enveloppe des bâtiments ou des rénovations globales.

En d'autres termes, le chauffage et la préparation d'eau chaude dans les nouveaux bâtiments doivent être neutres en CO_2. Dès qu'un système de chauffage ou eau chaude dans un immeuble ancien rend l'âme, il doit être remplacé par un système si possible géothermique. Le crédit intégral, même pour l'utilisation de sources d'énergie renouvelables achetées (à l'exception de l'électricité) ne devrait être accordé qu'à ceux qui ont entrepris une rénovation complète. Donc, si aucun système géothermique n'est installé, alors un bâtiment doit être rénové énergétiquement et son chauffage doit être basé sur des carburants renouvelables.

L'article 11 précise les valeurs maximales d'émissions de CO_2 des véhicules neufs de 2021 à 2024 : **95 g CO_2/km** pour les voitures particulières (**4.0 litres/100 km**) et 147 g CO_2 / km pour les véhicules plus lourds (sauf pour les véhicules lourds de > 3,5 tonnes). À partir de 2025, de nouvelles réductions des émissions des véhicules seront définies par rapport aux valeurs cibles de l'UE (article 12). Les objectifs pour la période après 2030 seront proposés par le Conseil fédéral en temps utile. Les importateurs et tous les fabricants locaux sont responsables de la conformité (article 15). En vertu des articles 17 à 18, l'utilisation de combustibles produits à partir d'énergie renouvelable peut être prise en compte. L'article 19 décrit les amendes pour dépassement des valeurs maximales. Les articles 21 à 22 obligent les exploitants et les compagnies aériennes à participer au SCEQE pour compenser leurs émissions. La participation volontaire est possible. Les participants peuvent demander le remboursement de la taxe sur le CO_2 (article 24). L'article 30 traite de la surtaxe de compensation sur les carburants. À partir de 2025, cela peut aller jusqu'à 12 centimes le litre (contre 5 centimes auparavant). Les amendes correspondantes se trouvent à l'article 32.

En vertu de l'article 34, la taxe sur le CO_2 est maintenue pour la fabrication, l'extraction et l'importation de combustibles. Le prix n'est plus de 36-120 francs par tonne de CO_2 comme auparavant, mais de 96-210 francs par tonne de CO_2. Les articles 42 à 48 introduisent une taxe sur les billets d'avion de 30 à 120 CHF. L'aviation générale passera à la caisse en vertu des articles 49 à 52. Les revenus de la taxe sur le CO_2, de la taxe sur les billets d'avion et de la taxe sur l'aviation générale seront en partie transférés à un nouveau fonds pour le climat (article 53). Ce fonds est destiné à financer des mesures de réduction des émissions de gaz à effet de serre des bâtiments (jusqu'à 450 millions de francs, dont 60 millions de francs peuvent être utilisés pour le chauffage (remplacements), les infrastructures de recharge, les systèmes de production de gaz renouvelables, etc.) (article 55). Le fonds climatique peut également contribuer au financement d'une grande variété d'autres mesures (articles 56-58). La majeure partie de ce qui reste est redistribuée à la population et à l'économie (article 60).

8.1. Conclusion

Nos politiciens pensent évidemment que la neutralité en matière de CO_2 peut être atteinte grâce à des restrictions, des taxes et des amendes d'une part et des subventions modestes (contributions à l'investissement) d'autre part.

Cependant, il est fort probable que les lois discutées ci-dessus ne seront pas propices à l'objectif de neutralité en CO_2 et deviendront en fait un obstacle. Les fonds sont retirés de l'économie, ce qui aura tendance à empêcher le lancement de projets privés ou commerciaux. Et de tels projets seraient nécessaires. En ce qui concerne l'utilisation des fonds récoltés, il faut s'attendre à ce qu'une part considérable soit absorbée par l'administration. Une autre partie sera consacrée à divers projets non coordonnés. Il faut savoir que le gouvernement fédéral et les cantons n'ont jamais présenté un plan spécifique pour atteindre la neutralité CO_2. La redistribution d'une part des fonds exigés à la population et à l'économie devient alors "le point sur le i". En revanche, les prélèvements sont calculés de manière à pouvoir être payés relativement sans douleur. On peut supposer que c'est précisément la raison pour laquelle ils ne peuvent pas avoir beaucoup d'effets positifs.

Les lois créent également des incitations douteuses. Les restrictions d'émissions sur les véhicules encouragent un passage précoce à l'électromobilité. Si plus d'une petite minorité se comporte en conséquence, nous manquerons d'électricité pour cela. La réglementation, qui est censée entraîner le remplacement des systèmes de chauffage conventionnels par des systèmes de chauffage géothermiques, augmentera également la consommation d'électricité. Étant donné la poursuite de l'expansion du photovoltaïque, la construction d'éoliennes et la rénovation des bâtiments resteront volontaires et ne progresseront donc que lentement, il faut supposer que les pénuries d'électricité qui en résulteront devront être compensées par des importations d'électricité à grande échelle ou par l'exploitation de centrales électriques au gaz. Si les importations d'électricité sont déjà effectuées à grande échelle ou si la production d'électricité doit être accélérée à l'aide de centrales au gaz, il serait alors plus sage de l'utiliser pour effectuer la coûteuse mutation énergétique et neutre en CO_2.

Et puis il y a un non-dit évident. Ce que les lois ne traitent pas, ou du moins pas explicitement, est de savoir qui devrait payer les mesures nécessaires pour atteindre la neutralité en matière de CO_2. Qui devrait payer des centaines de kilomètres carrés de systèmes photovoltaïques ? Est-il attendu que les propriétaires de véhicules électriques installent eux-mêmes des systèmes photovoltaïques pour pouvoir conduire ? Est-ce la méthode par laquelle nos autorités entendent promouvoir le photovoltaïque ? Sera-t-il même possible d'acquérir les innombrables modules et accessoires photovoltaïques nécessaires sur le marché ? Les technologies P2G devraient apporter une contribution importante à la transition énergétique. Quelques millions de francs étaient prévus à cet effet dans le projet de loi sur le CO_2 récemment rejeté. Qu'est-ce que ça changera ? Qui finance la rénovation globale de nos bâtiments ? Veut-on simplement réduire progressivement les émissions de CO_2 autorisées des bâtiments à base de combustibles fossiles de manière à ce que les propriétaires se retrouvent forcés à installer un chauffage géothermique à leurs frais ? Comme mentionné, la rénovation énergétique des bâtiments reste volontaire. Même si les propriétaires étaient prêts pour une rénovation complète de leurs immeubles, pourraient-ils même obtenir des prêts pour des projets aussi importants ? À quoi cela ressemblerait-il avec la couverture de ces prêts ? Dans le cas des immeubles à appartements, les propriétaires pourraient-ils même répercuter leurs dépenses en capital sur les locataires ? Le comportement actuel de l'association de locataires, des autorités et des tribunaux laisse peu d'espoir. Les propriétaires seraient-ils également responsables du coût du logement de leurs locataires pendant la rénovation ? À quoi cela ressemblerait-il pour les propriétaires d'appartements qui ne peuvent agir qu'ensemble ? Comme discuté plus en détail dans le chapitre suivant, les fonds prévus par les lois pour la rénovation des bâtiments et le chauffage de remplacement (450 millions de francs par an pour la rénovation des bâtiments et plusieurs millions pour le chauffage) ne sont qu'une goutte d'eau dans l'océan.

On ne peut que conclure que les lois actuellement en vigueur ne sont pas adaptées pour promouvoir efficacement la réalisation de la neutralité en CO_2. Il en irait de même pour une version modifiée de la nouvelle loi sur le CO_2 rejetée récemment, qui nous sera certainement présentée prochainement. Au contraire, il est à craindre que leur mise en œuvre n'entraîne des pénuries d'électricité à long terme, des restrictions de mobilité et des bouleversements dans le secteur immobilier. Une approche différente doit être adoptée si nous voulons sérieusement atteindre l'objectif.

9. Réflexions sur un plan pour atteindre la neutralité carbone d'ici 2050

Atteindre la neutralité CO_2 d'ici 2050 est vraiment un objectif extrêmement ambitieux. Si nous pouvons réellement choisir d'empoigner le taureau par les cornes, alors nous avons besoin d'un plan conséquent. Les « plans » qui circulent actuellement ne sont pas des plans réels. Ces « plans » sont plutôt des discussions détaillées et en partie très fondées sur toutes les mesures juridiques envisageables, les technologies qui pourraient être utilisées, les mesures de financement, etc. On cherche en vain une hiérarchisation ou des suggestions plausibles d'une approche coordonnée.

Il faut être conscient que les technologies importantes qui pourraient apporter une contribution significative à la production et au stockage d'énergie renouvelable ne sont pas encore pleinement développées à l'heure actuelle.

Le photovoltaïque est plus ou moins mature en ce sens que les systèmes peuvent être construits avec un degré d'efficacité raisonnable et que les problèmes techniques de base semblent avoir été résolus. Bien entendu, cela ne veut pas dire qu'il n'y a plus de place à l'amélioration. La technologie des batteries peut également être considérée comme mature dans le même sens. Il en va de même pour la géothermie superficielle et la technologie utilisée pour isoler les bâtiments.

Les technologies P2G ne sont pas complètement développées. L'optimisation des piles à combustible, en particulier des piles à combustible au méthanol, et des systèmes d'électrolyse est toujours en cours d'élaboration. Le remplacement des métaux rares utilisés pour les électrodes n'a pas encore abouti. Le stockage stationnaire de l'hydrogène comprimé fait toujours l'objet de recherches intensives. En général, on ne sait toujours pas comment stocker au mieux l'hydrogène. La sécurité de l'hydrogène dans le secteur domestique ou immobilier est un sujet important en arrière-plan. La production renouvelable de méthanol n'en est également qu'au stade expérimental. La géothermie profonde (pour produire de l'électricité) reste l'objet de recherche. Même un stockage saisonnier à faibles pertes de chaleur estivale produite par l'énergie solaire thermique n'est actuellement possible que dans les systèmes à grande échelle.

Un plan sensé devrait donc être mis en œuvre en plusieurs phases. Tout d'abord, les technologies matures devraient être utilisées. La mise en œuvre complète de ces technologies prendra un certain temps. On peut s'attendre (ou peut-être plus honnêtement « espérer ») que le développement des technologies non encore complètement développées atteindra au cours de cette période un stade où des décisions rationnelles pourront être prises concernant leur utilisation.

En ce qui concerne la production d'énergie électrique supplémentaire, l'accent est mis sur le photovoltaïque. Les objectifs d'expansion relativement modestes du gouvernement fédéral, conjugués aux difficultés politiques attendues dans la mise en œuvre, suggèrent que l'hydroélectricité n'apportera pas une contribution supplémentaire significative. La même chose s'applique à l'énergie éolienne. Les 800 à 900 centrales éoliennes prévues contribueraient relativement peu à la production totale d'électricité. On peut encore se demander si ces centrales seront un jour construites. Comme mentionné, l'énergie géothermique profonde n'est actuellement pas disponible en tant que technologie de base.

Il est donc inévitable qu'une expansion cohérente du photovoltaïque est une mesure qui devrait être mise en œuvre le plus tôt possible. Comme expliqué ci-dessus, la quantité d'électricité qui devrait être nécessaire est si grande que non seulement toutes les surfaces de bâtiment appropriées devraient être utilisées pour la production photovoltaïque, mais d'énormes parcs photovoltaïques devraient également être créés. D'après les considérations du sixième chapitre, je déduis que l'expansion du photovoltaïque sur les bâtiments, si possible y compris les bâtiments historiques, devrait être prioritaire.

Une deuxième mesure serait la rénovation complète de tous les bâtiments (non agricoles). Il est bien connu que le secteur du bâtiment est celui où le plus d'énergie est gaspillée. Il doit donc être clair que tous les bâtiments anciens (la grande majorité des bâtiments existants) doivent être entièrement rénovés le plus rapidement possible. Dans un plan digne de ce nom, il serait important de définir une séquence logique. Tout d'abord, l'enveloppe d'un bâtiment doit être rénovée énergiquement. Ce n'est qu'ensuite qu'un chauffage efficace doit être installé et toutes les surfaces appropriées (toit et façade) doivent être équipées de panneaux photovoltaïques. Une séquence différente entraînerait soit l'installation d'un système de chauffage surdimensionné, soit le démontage et le remontage des systèmes photovoltaïques.

Dans le nouveau « pacte vert européen » de l'UE, le plan de rénovation des bâtiments est appelé « programme phare ». Dans l'UE comme en Suisse, le taux de rénovation est d'environ 1% / an. Le plan de la Commission est de doubler ou tripler ce taux. S'il triplait, tous les bâtiments seraient rénovés en 2050. Je ne connais pas les détails du plan.

Aujourd'hui, seuls les 450 millions de francs / an du programme immobilier sont essentiellement disponibles pour la rénovation des bâtiments. Dans leur «plan climat», les Verts proposent de doubler le taux de rénovation. Pour ce faire, ils porteraient les contributions d'investissement du programme de construction à 50% des coûts d'investissement éligibles. Ils comptent sur une dépense annuelle supplémentaire d'un milliard de francs. Cette proposition est discutable à plusieurs égards. Quel est le lien entre les coûts facturables et les coûts effectifs ? Alors, que signifiait vraiment le 50% ? On ne sait pas non plus dans quelle mesure le programme de construction a jusqu'à présent contribué au taux de rénovation. Pourquoi n'est-il pas pleinement utilisé aujourd'hui ? Peut-être parce que le montant restant payé par le propriétaire est encore un obstacle presque insurmontable (ou la rénovation n'est-elle pas rentable) ? Si tel était le cas, une répartition de 50% des coûts d'investissement normalisés d'une manière ou d'une autre pourrait également faire peu ou rien. Les Verts ont apparemment déjà envisagé cela. C'est pourquoi ils prévoient explicitement une « obligation de rénovation ».

Si une rénovation totale de tous les bâtiments doit être réalisée dans un délai raisonnable, alors le financement des projets jouera un rôle central. Combien coûterait une rénovation totale de tous les bâtiments résidentiels ?

Il y en a environ un million de **maisons individuelles**. La surface habitable moyenne est d'environ 150 m^2. Si nous augmentons cette surface de 20% pour tenir compte des espaces non habitables (escaliers, etc.), alors nous atteignons 180 m^2, généralement répartis sur deux étages. Pour estimer les coûts, j'ai utilisé un tableau de calcul approximatif des coûts que j'ai trouvé sur le site Web de Raiffeisen Suisse: (www.raiffeisen.ch/casa/de/immobilien-sanieren/sanierungskosten/erneuerungskosten-haus-renovieren.html; accès: 26.01.2021). J'arrive à un montant d'environ 305'000 francs pour la rénovation complète de l'enveloppe du bâtiment (y compris le remplacement des fenêtres) et l'installation d'un système de pompe à chaleur géothermique. **Les coûts de rénovation de toutes les maisons individuelles seraient de l'ordre de 305 milliards de francs.**

Il y en a environ un demi-million **d'immeubles à appartements** Un appartement typique a une surface habitable d'environ 100 m^2 divisée en 3 pièces, chacune avec au moins une fenêtre. Le bâtiment abrite généralement environ 6 appartements répartis sur 3 étages ou environ 8 appartements répartis sur 4 étages. Nous travaillons avec 8 appartements sur 4 étages. Après prise en compte de la surface inhabitable, on arrive à une surface de plancher de 240 m^2 et une surface de façade d'environ 744 m^2. Le coût de la rénovation de l'enveloppe et de l'installation d'un système de chauffage géothermique s'élèverait à environ 565 000 francs. **Les coûts de rénovation de tous les immeubles à appartements seraient d'environ 282 milliards de francs.**

La rénovation de tous les bâtiments résidentiels coûterait donc environ **587 milliards de francs. Étalé sur 20 ans, cela représenterait environ 29 milliards de francs par an**. Le « petit » milliard de francs que les Verts veulent y consacrer n'irait évidemment pas très loin. En d'autres termes, ils s'appuient sur une obligation de restructuration. Je trouve scandaleux que d'un coup de plume on veuille obliger un segment de la population à dépenser ces sommes gigantesques.

Si une rénovation totale de tous les bâtiments (non agricoles), y compris le remplacement des systèmes de chauffage et d'eau chaude, était mise en œuvre au moyen d'ordonnances ou de nouvelles lois, alors il n'y aurait aucune valeur ajoutée pour le propriétaire individuel. Obliger le propriétaire à supporter le coût de la rénovation équivaudrait à la destruction d'une partie de sa propriété privée (ou propriété de l'entreprise dans le cas des fonds de pension, des fondations et des sociétés), ce qui serait difficile à concilier avec la garantie constitutionnelle de propriété. (Article 26, paragraphe 1 : « La propriété est garantie. » ; Paragraphe 2 : « Les expropriations et restrictions de propriété équivalant à une expropriation seront intégralement indemnisées. ») Selon la charge hypothécaire d'un immeuble, un propriétaire peut même être contraint de vendre son immeuble (et, dans le cas d'un immeuble locatif, perdre les revenus locatifs). La répercussion des coûts sur les locataires serait à rejeter pour la même raison et ne serait probablement pas exécutoire de toute façon.

Atteindre la neutralité en matière de CO_2 est l'un des objectifs de notre État. La rénovation des bâtiments y apporterait une contribution importante. Il semble donc logique que l'État assume également les frais encourus. Le résultat serait un doublement de l'impôt fédéral direct. Je peux supposer que la gauche politique rejetterait une telle solution : les pauvres seraient obligés de payer pour la rénovation des immeubles appartenant aux riches. Mais les tâches gouvernementales sont financées par la population. C'est la même chose avec les rues, les écoles et les avions de combat. Le financement proposé par les impôts ne manque pas d'une certaine équité. La question de savoir s'il serait juste de financer la rénovation des bâtiments des secteurs tertiaire et industriel reste ouverte. Convaincre les électeurs de la nécessité d'une telle hausse des impôts serait une tâche intéressante pour nos politiciens de l'environnement. S'ils pouvaient trouver le courage de s'exposer de cette manière serait une question passionnante. Un débat public montrerait à quel point un système énergétique basé sur les énergies renouvelables est vraiment important pour les politiciens et les électeurs.

Il vaut mieux laisser la mise en œuvre des rénovations aux entreprises privées. Le gouvernement fédéral devrait définir les mesures correctives à prendre, déterminer les coûts imputables et organiser le système de contrôle et de comptabilité. Chaque propriétaire d'immeuble resterait responsable (dans la mesure du possible) de la rénovation et des échéances.

Une approche similaire pourrait être utilisée pour financer des systèmes photovoltaïques équipant toutes les surfaces de bâtiment appropriées. Si l'équilibrage saisonnier de la production d'électricité photovoltaïque décentralisée devait avoir lieu à l'aide de la technologie P2G (par exemple de l'électricité à l'hydrogène comme discuté au chapitre 6), l'installation de piles à combustible, de compresseurs et de stockage d'hydrogène pourrait être financée en utilisant le même mécanisme. L'effort pour ces mesures serait beaucoup moins important que celui de la rénovation des bâtiments.

La conversion (dans la mesure du possible) de la production de chaleur de procédé fossile à renouvelable dans l'industrie serait également une tâche importante dans la première phase. Ce basculement pourrait être financé, par exemple, par des dons fiscaux réservés.

Les associations locales de producteurs et de consommateurs d'électricité individuels dans les microgrids et les AEG pourraient être encouragées. Par exemple, les municipalités et les villes pourraient créer des réseaux de lignes indépendants du réseau. La pose des câbles pourrait avoir lieu à l'occasion de travaux d'entretien périodique sur les routes.

Le financement public des rénovations des bâtiments et l'expansion totale du photovoltaïque conduiraient les entreprises nationales à se convertir ou à s'aligner sur la production de cellules et de systèmes photovoltaïques. Les entreprises de construction et de plomberie se développeraient pour répondre à la forte augmentation de la demande. Si ce n'est pas le cas, des incitations appropriées devront être créées.

Où en serions-nous à la fin de cette première phase ? Les systèmes photovoltaïques installés produiraient environ 8 TWh d'électricité au cours du semestre d'hiver. En raison de la réduction des pertes de chaleur dans les bâtiments et de la conversion à une géothermie relativement économique, cette quantité d'électricité devrait être suffisante pour couvrir complètement les besoins en chauffage et en eau chaude (environ 6 TWh). La consommation de combustibles fossiles pour le chauffage serait réduite à zéro. Un sous-objectif important aurait été atteint. Au cours de la moitié d'été de l'année, la production d'électricité PV serait suffisamment importante pour garantir l'approvisionnement en électricité des ménages. Pendant la moitié d'hiver de l'année, l'électricité des ménages devrait être tirée du réseau. Ensemble, l'industrie et le secteur des services sont les plus gros consommateurs d'électricité. Comme dans le secteur des ménages, des économies dues aux gains d'efficacité des appareils électriques pourraient également être attendues dans le secteur des services. On peut se demander si l'industrie peut réduire considérablement sa consommation d'électricité. De nombreux procédés qui utilisent aujourd'hui de l'énergie fossile seraient alors exploités électriquement. Cela signifierait peut-être même une augmentation de la demande d'électricité. Un déficit électrique plus important au cours du semestre d'hiver ne pourrait être évité qu'en continuant à exploiter les centrales nucléaires. Si à la fin de la première phase la conversion à la mobilité électrique avait déjà bien progressé, nous aurions un problème supplémentaire. L'électricité devrait probablement être importée à grande échelle ou des centrales au gaz devraient être construites et exploitées. Il serait donc judicieux de ne pas forcer le passage à l'électromobilité. Il y a aussi une autre raison à cela : la mobilité électrique pure ne sera probablement pas la solution finale (voir ci-dessous une alternative potentielle). L'expansion prévue des réservoirs ne suffira pas à stocker la quantité d'énergie nécessaire au fonctionnement des véhicules en hiver. D'autres options de stockage à grande échelle pour l'énergie potentielle ne sont pas en vue. Il semble inévitable que les technologies P2G devraient être utilisées. Les véhicules à moteur électrique fonctionneraient donc en partie à l'hydrogène, au méthane ou au méthanol (ou peut-être à d'autres carburants pouvant être générés avec l'énergie photovoltaïque) au moins pendant le semestre d'hiver. Les moteurs électriques de ces véhicules pourraient fonctionner à l'électricité obtenue à partir de carburants renouvelables utilisant des piles à combustible. Nous aurions peut-être des véhicules qui pourraient soit fonctionner sur batterie, ou soit avec carburant renouvelable embarqué.

Dans une seconde phase, l'accent serait mis sur l'extension des capacités de stockage, ce qui permettrait d'utiliser pleinement la production d'électricité du parc immobilier et la mobilité électrique motorisée toute l'année. On peut espérer que les technologies P2G seront pleinement développées à ce stade. Comme suggéré dans le sixième chapitre, l'ensemble des besoins énergétiques pour la consommation électrique des ménages ainsi que pour le chauffage et la préparation d'eau chaude dans tous les bâtiments chauffables pourraient être couverts de manière décentralisée (photovoltaïque sur les surfaces des bâtiments). Une partie de la quantité d'énergie requise pendant le semestre d'hiver serait stockée sous forme d'hydrogène, par exemple. Les bâtiments devraient alors être équipés de systèmes de piles à combustible, d'installations de stockage de gaz et de compresseurs (si l'hydrogène devait être stocké sous forme comprimée). Les réseaux de bâtiments ainsi convertis pourraient alors fonctionner de manière essentiellement autonome (en utilisant les microréseaux ou AEG mentionnés).

Le carburant pour la mobilité hivernale (le méthanol dans les scénarios envisagés) serait produit dans de grandes usines. Ces systèmes combineraient des parcs photovoltaïques, des systèmes d'électrolyse, des systèmes de méthanolisation et des systèmes de chauffage au bois (ou d'autres fournisseurs de CO_2). Les zones requises pour les parcs photovoltaïques ne seraient probablement disponibles que dans les montagnes. Les lacs, les forêts, etc. ne conviendraient pas, ne serait-ce qu'en raison des effets négatifs attendus sur la biosphère. L'intégration de cellules photovoltaïques dans les revêtements routiers pourrait être une autre option (bien que les résultats des tests précédents ne soient pas particulièrement prometteurs ; https://www.energiezukunft.eu/erneuerbare-energien/solar/die-laengste-solarstrasse-im-hexagon-ist-ein - flop; consulté le 07.03.2021). La superficie disponible sur les autoroutes et les routes nationales serait d'environ 30 km^2 et sur les routes cantonales d'environ 130 km^2. Le gouvernement fédéral pourrait créer des incitations et des conditions-cadres pour la construction de parcs photovoltaïques. Le carburant produit, c'est-à-dire le méthanol, pourrait être livré aux stations d'essence et y être distribué. Le gouvernement fédéral disposerait de capacités de stockage suffisantes libérées (le stockage obligatoire des combustibles fossiles) pour les volumes excédentaires.

Une alternative possible serait une expansion à grande échelle de l'énergie géothermique profonde dans la deuxième phase. Si cette technologie devait être suffisamment mature au bon moment pour pouvoir produire de grandes quantités d'électricité en toute sécurité, alors elle pourrait couvrir les besoins généraux en électricité (en hiver). Une mobilité purement électrique serait alors possible. Pourtant, un plan rationnel ne peut pas reposer sur l'utilisation de l'énergie géothermique profonde. Contrairement aux technologies P2G, il n'est pas certain que cette technologie atteindra un jour le niveau de développement nécessaire et si cela se produira dans les 20 à 30 prochaines années.

Comme déjà mentionné, le passage à des véhicules à propulsion électrique fonctionnant à l'énergie renouvelable ne devrait pas être imposé au moyen de réglementations rigides et de resserrement annuel pour la consommation maximale de combustibles fossiles. Vous pourriez vous épargner tous les efforts bureaucratiques associés. De plus, la conversion devrait aller de pair avec l'expansion du photovoltaïque décentralisé et du P2G ainsi que la production de carburants non fossiles. (Sinon, il faudrait attendre l'expansion à grande échelle de la géothermie profonde.) Des recommandations de conversion et une interdiction correctement programmée de l'utilisation des carburants fossiles seraient plus judicieuses (d'ici 2050 au plus tard).

Comme mentionné au début, je ne pense pas que la neutralité en matière de CO_2 puisse être atteinte sans un plan concret et soutenu par la population en général. Ce soutien devrait également inclure l'acceptation d'une charge fiscale plus élevée afin de lever les fonds nécessaires à la mise en œuvre du plan. Je considère naïf de renoncer à une approche proactive et de miser sur l'efficacité de nos lois. Il est à craindre que nous ne soyons confrontés à une catastrophe, pas tant à une catastrophe environnementale qu'à une catastrophe économique.

Dans ce travail, j'ai traité des approches technologiques possibles pour atteindre la neutralité CO_2. Il est devenu clair que des efforts gigantesques devraient être entrepris pour atteindre cet objectif. Ceci bien que j'aie supposé que la consommation d'électricité des ménages diminuerait de moitié, que seules les technologies les plus énergétiquement avantageuses seraient utilisées pour le chauffage et la mobilité, et qu'il n'y aurait plus d'immigration nette. Je trouve plutôt irréaliste de vouloir réaliser une réorganisation fondamentale de notre mode de vie et de notre organisation sociale en seulement trente, voire vingt ans. A titre d'exemple : la plupart des bâtiments résidentiels seront encore debout à ce moment-là. Les entreprises établies n'auront normalement aucune raison d'abandonner leurs systèmes et bâtiments fonctionnels et de recommencer à un autre endroit. Pourtant, un style de vie plus économe pourrait réduire considérablement la quantité de technologie requise. Moins de mobilité de loisir motorisée, moins de résidences secondaires, moins de longs déplacements pour se rendre au travail et une moindre demande d'espace de vie et d'assortiments de produits alimentaires et de consommation réduiraient le nombre de kilomètres parcourus. L'utilisation cohérente de petits véhicules (à moteur électrique) se refléterait directement sur la zone PV qui fournit le courant de traction (ou le carburant biogénique). Moins de consommation de produits finis dans la cuisine, plus d'utilisation d'aliments produits localement, moins de consommation de viande, moins d'achats ou de remplacement d'appareils de toutes sortes, y compris des véhicules, moins d'achats sur Amazon, etc. plutôt que dans les magasins locaux (?) et moins de voyages seraient également souhaitable. Et Migros et COOP pourraient se passer de nous envoyer un magazine chaque semaine dont le volume est à peu près celui de l'édition dominicale du New York Times ...

Les technologies considérées ici excluent l'énergie nucléaire, la population suisse s'étant engagée à renoncer aux nouvelles centrales nucléaires avec l'adoption de la loi sur l'énergie de 2016. Je voudrais souligner que les efforts gigantesques qui seraient nécessaires pour se convertir à un système d'énergie renouvelable pourraient être évités. La technologie de l'énergie nucléaire a avancé et des centrales électriques plus sûres peuvent être construites aujourd'hui. Afin de mettre en place un système énergétique neutre en CO_2 (à partir de 2050), il pourrait être suffisant de remplacer les centrales nucléaires existantes par cinq nouvelles centrales, chacune avec une production de la centrale de Leibstadt (en supposant que nous chauffions géothermiquement ou de même, roulions électriquement, réduisions de 50% la consommation électrique domestique et poursuivions la rénovation des bâtiments au rythme du 1% actuel).

Enfin, je voudrais mentionner que je n'ai pas abordé la question de savoir si la neutralité en matière de CO_2 est un objectif à atteindre. Bien que certains en doutent encore aujourd'hui, il n'y a guère de débats publics sur cette question. Mon opinion à ce sujet n'est pas pertinente pour mes considérations.

10. Littérature complémentaire citée dans chap. 5-9

Andersson, J., Grönkvist, S. (2019) Large-scale storage of hydrogen. Int. J. Hydrogen Energy 44: 11901-11919.

Bowker, M. (2019) Methanol synthesis from CO_2 hydrogenation. ChemCatChem. 11: 4238–4246.

Chatterjee, S., Huang, K.-W. (2020) Unrealistic energy and materials requirement for direct air capture in deep mitigation pathways. Nature Communications 11: 3287.

Dale, M., Benson, S.M. (2013) Energy balance of the global photovoltaic (PV) industry -is the PV industry a net electricity producer? Environ. Sci. Technol. 47: 3482–3489.

Dean, J. (NREL), McNutt, P. (NREL), Lisell, L. (NREL), Burch, J. (NREL), Jones, D. (Group 14), Heinicke, D. (Group 14) Photovoltaic-thermal new technology demonstration. National Renewable Energy Laboratory, January 2015. www.nrel.gov (last accessed 26.01.2021)

Ferroni, F., Hopkirk, R.J. (2016) Energy return on energy invested (ERoEI) for photovoltaic solar systems in regions of moderate insolation. Energy Policy 94: 336-344.

Gaudard, A., Schmid, M., Wüest, A. (2018) Potential der Schweizer Oberflächengewässer. Aqua & Gas, Nr.2.

Hjelkrem, O.A., Arnesen, P., Bo, T.A., Sondell, R.S. (2020) Estimation of tank-to-wheel efficiency functions based on type approval data. Applied Energy 276: 115463.

Müller, K., (2019) Technologien zur Speicherung von Wasserstoff. Teil 1: Wasserstoffspeicherung im engeren Sinn. Chem. Ing. Tech. 91: 383–392.

O'Connell, A., Kousoulidou, M., Lonza, L., Weindorf, W. (2019) Considerations on GHG emissions and energy balances of promising aviation biofuel pathways. Renwable and Sustainable Energy Reviews 101: 504-514.

Rivard, E., Trudeau, M., Zaghib, K. (2019) Hydrogen storage for mobility; a review. Materials 12: 1973.

Sarbu, I., Sebarchievici, C. (2018) A comprehensive review of thermal energy storage. Sustainability 10: 191.

Scapino, L., Zondag, H.A., van Bael, J., Diriken, J., Rindt, C.C.M. (2017) Sorption heat storage for long-term low-temperature applications: A review on the advancements at material and prototype scale. Applied Energy 190: 920-948.

Schmidt, M., Linder, M. (2020) Novel thermochemical long term storage concept: balance of renewable electricity and heat demand in buildings. Front. Energy Res. 8: 137.

Vontobel, T. (2019) Performance von PV Anlagen unter der Lupe. Bulletin.ch 10/2019.

Walch, A., Castello, R., Mohajeri, N., Scartezzini, J.-L. (2020) Big data mining for the estimation of hourly rooftop photovoltaic potential and its uncertainty. Applied Energy 262: 114404.

Walch, A., Mohajeri, N., Gudmundson, A., Scartezzini, J-L. (2021) Quantifying the technical geothermal potential from shallow borehole heat exchangers at regional scale. Renewable Energy 165: 369-380.

11. Énergie grise

Un effort conséquent doit être mené à bien pour parvenir à ce nouveau mode de fonctionnement décarboné en 2050.

Un élément important au niveau de l'énergie qui doit encore être pris en compte est la notion d'énergie grise. Bien que celle-ci n'ait pas une définition parfaitement claire et unifiée, il s'agit des différentes énergies qui sont mises en œuvre pour une finalité donnée. Parmi elles, on trouve la conception d'un produit en amont, l'extraction et le transport et les transformations des matières premières, le conditionnement (emballage), le transport jusqu'au lieu de vente, l'installation, l'entretien durant la durée de vie, l'élimination et le recyclage.

Ainsi, si manger un steak de bœuf saignant plutôt que cuit limite un petit peu la dépense d'énergie en cuisine, il n'en reste pas moins que ce morceau de viande aura demandé l'acheminement de fourrage, le transport à l'abattage, le stockage en chambres réfrigérées, le dépeçage, le conditionnement en emballages, le transport jusqu'au lieu de vente, la réfrigération jusqu'à la vente et l'élimination de l'emballage.

Si cet exemple frappe par la multitude d'étapes et d'unités d'énergie qui soudain sont mis en lumière, nous pouvons y déceler un grand potentiel d'économie si nous évitions des allers-retours de marchandises liés au profit.

Il existe beaucoup d'informations et de données sur internet à ce sujet. La Suisse ne semble pas y porter beaucoup d'attention. Pourtant, il s'agit également d'une composante que nous devrons assumer sur notre propre territoire, les autres pays étant confrontés à une problématique comparable.

Sur le site internet de l'OFEN (Office fédéral de l'énergie), le mot-clé « gris » ne se trouve que dans huit documents, dont un seul traite des énergies grises (dans les bâtiments) :

(https://www.bfe.admin.ch/bfe / fr / home / research-undcleantech /) programme-de-recherche /gebaeude-und-staedte.exturl.html / aHR0cHM6Ly9wdWJkYi5iZmUuYWRtaW4uY2gvZnIvcH VibGljYX / Rpb24vZG93bmxk).

Dans les bâtiments, le potentiel d'économie d'énergie est très important, bien qu'il forcera à limiter les possibilités constructives actuelles. A titre d'exemple, Conrad Lutz a obtenu en 2008 le Watt d'Or pour son "Green Offices Givisiez" (Conrad Lutz Architecte Sàrl). Sans entrer dans les détails, le bâtiment (qui existe !) a permis d'économiser tellement d'énergie grise, qu'il permet de chauffer ce bâtiment durant 100 ans (!) par rapport à la norme de l'époque (SIA 380/1 2001= F: RT 2005). Certes les normes ont évolué, mais la construction est restée résolument standard jusqu'à aujourd'hui. Lutz a traité tous les aspects du bâtiment. Ainsi, la perspective présentée ne concerne pas uniquement les nouveaux bâtiments, mais peut également avoir un impact sur la rénovation.

La réalisation d'un système énergétique décarboné consommera des quantités considérables d'énergie grise. Selon l'IDDRI (Institut du développement durable et des relations internationales) par exemple et concernant les moyens de transports :

« Il est frappant de noter que l'on consomme davantage d'énergie grise dans nos dépenses de transport que d'énergie directe [...]. Dit autrement, nous consommons moins d'énergie pour nous déplacer dans nos véhicules individuels que nous consommons d'énergie nécessaire pour produire, vendre et acheminer les voitures, les trains ou les bus que nous utilisons. »

Je vais maintenant donner quelques exemples concrets pour donner au lecteur la possibilité de développer sa propre compréhension des grandes ou petites quantités d'énergie grise qui sont cachées dans les projets.

Selon Daniel Rufer, les installations photovoltaïques (2013) produisent 185 kWh/m^2 sur le plateau Suisse. Avec des modules PV provenant des Philippines l'énergie grise serait de 887 kWh / m^2. Pour un PV chinois il parlait de 1257 kWh / m^2. Par ce calcul il estime que l'énergie grise investie est « remboursée » après moins de 5 ans. Que ce chiffre soit considéré comme actuel ou dépassé, il a le mérite de mettre fin au débat d'une production d'énergie photovoltaïque qui ne couvrirait pas l'énergie nécessaire à le produire.

Le rendement photovoltaïque reste faible par rapport au potentiel photovoltaïque. On pourrait faire mieux mais c'est un autre débat. Il faut surtout retenir qu'il n'y aura pas de grosse augmentation de rendement à attendre qui pourrait justifier « d'attendre » avant de s'y lancer.

11.1. Quelques ordres de grandeur

Une approche permettant d'appréhender l'énergie grise est de considérer celle contenue dans les matériaux de fabrication.

Une fiche-conseils émanant de Belgique (https://www.ecoconso.be/) donne un aperçu intéressant des matériaux de la construction. La liste est longue et nous en retiendrons quelques valeurs :

Energie grise des métaux :

Acier :   60'000 kWh/m^3

Cuivre :   140'000 kWh/m^3

Zinc :   180'000 kWh/m^3

Aluminium   190'000 kWh/m^3

Ces chiffres bruts ne parlent qu'à peu de gens. Pour les rendre plus concrets, il suffit de retenir que 1 litre de pétrole contient environ 10 kWh.

Ainsi, en « enlevant un zéro » aux chiffres précédents, on obtient l'équivalent en pétrole de l'opération. Ainsi pour 1 m³ d'aluminium, il faut l'énergie de 19'000 litres de pétrole. Et comme 1 litre de pétrole brûlé généra 2.4 kg de CO_2, l'énergie grise de 1m³ d'aluminium peut représenter 45 tonnes de CO_2...

Qu'en est-il du béton qui a fleuri dans nos villes et dans les infrastructures hydrauliques ?

Béton poreux (cellulaire) :   200 kWh/m³

Béton   500 kWh/m³

Béton armé   1850 kWh/m³

11.2. Le barrage d'accumulation d'eau

Si l'on regarde « La Grande Dixence », la centrale hydroélectrique la plus imposante de nos Alpes, qui reste une référence mondiale, on regarde 5'960'000 m³ de béton. En partant du principe qu'une partie est armée et sur une valeur d'ordre de grandeur de 1'000 kWh / m³, nous arrivons à près de 6,2 milliards de kWh, ou l'équivalent de 640 millions de litres de pétrole.

L'eau accumulée derrière le mur, avec son volume de 400 millions de mètres cube, et sachant que 1 m³ turbiné et transformé en électricité peut l'être avec 1 litre de pétrole, le réservoir d'énergie est équivalent à 400 millions (4×10^8) de litres de pétrole produisant de l'énergie mécanique. Cela signifie qu'il faudrait moins de deux fois le volume d'eau derrière le barrage pour « récupérer » l'investissement énergétique dans le système. Bien sûr, tout n'a pas été compté, mais l'ampleur donne une bonne idée générale.

Bieudron est la plus grande centrale électrique du complexe de la Grande Dixence, qui a une puissance nominale totale de 2'000 MW. Regardons simplement Bieudron. D'une puissance nominale de 1'200 MW, Bieudron détient des records mondiaux (notamment les plus grosses turbines Pelton et la plus grande hauteur entre le réservoir et la plaine). La puissance potentielle de la centrale résulte du produit du débit et de la différence de pression d'eau. Ainsi on détermine que si Bieudron travaille constamment à pleine puissance, le lac est vidé en **71 jours**.

Ce résultat illustre plus que n'importe quel mot le contenu énergétique incroyable d'un tel système (et bien sûr la quantité d'énergie grise contenue dans le système).

Cela vaudrait-il la peine de construire davantage de tels systèmes ? Ma réponse est oui, mais elle doit s'accompagner d'une réflexion sur l'énergie. La construction d'une telle infrastructure nécessite une énorme quantité d'énergie. Elle ne pourrait se faire que tant que des énergies à très haute densité, comme le pétrole, peuvent être utilisées. Selon les directives fédérales, cela ne sera plus possible à partir de 2050. La même considération s'applique à d'autres aspects d'une restructuration du système énergétique. Nous ne pourrons donc pas éviter de consommer d'énormes quantités de combustibles fossiles pour réaliser notre infrastructure énergétique neutre en CO_2.

11.3. La mobilité

Autre exemple peut-être un peu plus proche de chacun de nous : combien d'énergie intrinsèque y a-t-il dans notre flotte de voitures qui sont principalement alimentées par des carburants fossiles ? Quelle quantité d'énergie grise y aurait-il dans une flotte de voitures électriques ? Sato et Nakata (2020) ont calculé que l'énergie nécessaire à la fabrication d'une voiture particulière est d'environ 41,8 MJ / kg. Pour une petite voiture pesant environ 1 200 kg, ce serait 50,2 GJ (14'000 kWh). En 2000, environ 4,66 millions de véhicules à moteur (sans cyclomoteurs) circulaient en Suisse (https://www.bfs.admin.ch/bfs/de/home/statistiken/ mobilitaet-verkehr/verkehrsinflassung-fahrzeuge/fahrzeuge.html ; accès: 27/04/2021). Si nous supposons que toutes les voitures sont de si petites voitures, alors l'énergie intrinsèque de l'ensemble du parc serait de 65,2 milliards de kWh. Cela correspond à environ 6,73 milliards de litres de pétrole, soit environ 28% de la consommation énergétique annuelle totale de la Suisse. La Nissan Leaf, l'une des petites voitures électriques les plus populaires, dispose d'une batterie lithium-ion de 24 kWh. L'énergie incorporée contenue dans une telle batterie a été déterminée par Yuan et al. (2017) et a été évaluée à 88,9 GJ (24'700 kWh). Pour simplifier les choses, si l'on additionne la dépense énergétique du véhicule et de la batterie, on obtient 38' 700 kWh. Si nous supposons que l'ensemble de notre flotte se compose de ces petites voitures électriques, l'énergie intrinsèque de ce parc serait de 180 milliards de kWh ou 18,6 milliards de litres de pétrole, soit environ 78% de la consommation d'énergie annuelle totale de la Suisse. Cela correspond également à environ 30 fois l'énergie grise qui a été investie dans la construction de la Grande Dixence. On estime que nous renouvelons notre flotte tous les 8 à 9 ans ...

11.4. La densité d'énergie

La clé de nos défis réside dans la compréhension d'un changement profond de paradigme. Le pétrole et le gaz disposent d'une très incroyable densité d'énergie, alors que les disponibilités du renouvelable sont à faible densité d'énergie.

Un avion est un oiseau : il est léger et a besoin de beaucoup de force pour décoller. Le pétrole dispose beaucoup d'énergie tout en restant léger (scientifiquement on dira que c'est une énergie à haute densité massique, mesurée en J / kg).

Non seulement le pétrole est léger, mais il prend peu de place : pour l'avion cela permet de laisser du volume pour accueillir des passagers, leurs bagages et objets transportés.

Pour fixer les idées, 1 litre de pétrole ne pèse moins de 1 kg. Il contient assez d'énergie pour soulever un poids de 1 tonne à une hauteur de 1'400 mètres. Nous avons tous une claire idée d'un volume de 1 litre, rempli d'une substance qui pèse moins lourd que l'eau.

Imaginez maintenant l'énergie massique humaine pour la même prestation. Des hommes se distribuant la masse de 1'000 kg à hauteur de 50 kg chacun. Il en faut 20. Avec un poids de 75 kg, et un volume par corps humain de 75 litres (la densité du corps humain est comparable à celle de l'eau), nous arrivons aux chiffres suivants : 1 tonne de matière soulevée 1'400 mètres correspond à l'énergie, dont le volume et la masse sont

1 litre et 0,8 kg dans le cas de l'huile, ou

1'500 litres et 1'500 kg pour les hommes.

Voilà la comparaison entre la densité d'énergie du pétrole et la « densité d'énergie humaine ».

Le soleil et le vent ont de faibles densités d'énergie. C'est le grand défi de l'utilisation de cette énergie renouvelable.

11.5. Énergie solaire

Sous nos latitudes, le soleil délivre une quantité d'énergie d'environ 1'250 kWh par m^2 soit l'équivalent de 125 litres d'huile chaque année. Afin de récupérer l'énergie grise qui a été investie dans la construction de la Grande Dixence, les systèmes photovoltaïques d'une superficie de 41 km^2 devraient fonctionner pendant une année entière (à 150 kWh / m^2).

11.6. Énergie éolienne

Dans le cas des éoliennes, l'énergie intrinsèque qui a été dépensée pour construire un système de l'ordre de 2 MW serait récupérée en 8 mois environ. Telle est la bonne nouvelle.

L'énergie éolienne exploite l'énergie de l'air. En tant que type de machine ou de système de conversion de l'énergie, c'est une machine similaire à la turbomachine hydraulique utilisée dans les Alpes et sur les rivières. La grosse différence est l'exploitation d'un fluide (l'air) dont la densité est 850 fois plus faible que l'eau. C'est pourquoi une éolienne avec un rendement respectable est énorme.

D'autre part, l'air ne peut pas être utilisé sous forme de pression. Dans l'ensemble, la centrale éolienne est à peu près comparable à une centrale fluviale.

Supposons un vent régulier dont la quantité est jugée « intéressante » : prenons 5 mètres par seconde, ou une vitesse de vent moyen de 18 km/h. C'est beaucoup de vent. Vous ne voulez probablement pas vivre dans un endroit où le vent souffle toujours à cette vitesse.

Imaginez maintenant une fenêtre d'une superficie de 10 m^2 à travers laquelle le vent circule avant d'être utilisé par une éolienne.

• L'éolienne pourrait être un système à axe horizontal dont le diamètre serait de 3,6 mètres (ordre de grandeur, la longueur d'une pâle est celle correspondant à la distance entre les mains d'un homme tendant latéralement les bras).

• Ou c'est par exemple une éolienne à axe vertical (type Savonius ou Darrieus), un peu comme un gros anémomètre, dont la largeur au sol serait de 2 m et d'une hauteur de 5 m.

La force contenue dans le vent (énergie cinétique par seconde) qui traverse la fenêtre définie serait dans ces conditions de 750 W. Cependant, cette puissance ne peut pas être pleinement exploitée. En termes simples, si nous pouvions exploiter cette puissance au maximum, l'air derrière l'éolienne resterait immobile ... et s'accumulerait jusqu'à ce que tout l'air devant la turbine soit aspiré ? Il y aurait également une diminution de la densité de l'air.

En 1926, Albert Betz calcula que la puissance maximale exploitable de l'énergie éolienne était de 16/27 soit environ 59%.

Il serait donc physiquement impossible d'extraire plus de 443 W (avec une fenêtre de 10 m^2 et un vent de 18 km/h).

Comme le montre la figure ci-dessous, les grandes éoliennes à axe horizontal peuvent atteindre un rendement d'environ 48%. Une Darrieus peut atteindre 40%, et une Savonius atteint 15%.

Pour une éolienne de la taille que nous venons de mentionner, installée sur le toit d'une maison ou dans un jardin, on peut estimer qu'avec un rendement raisonnable de 35%, **262 W** de puissance seraient disponibles. Si le vent doublait, la puissance grimperait à 2'100 W. Et malheureusement, si le vent venait à baisser de moitié, nous n'obtiendrions que 33 W. De temps en temps, il n'y a pas de vent du tout.

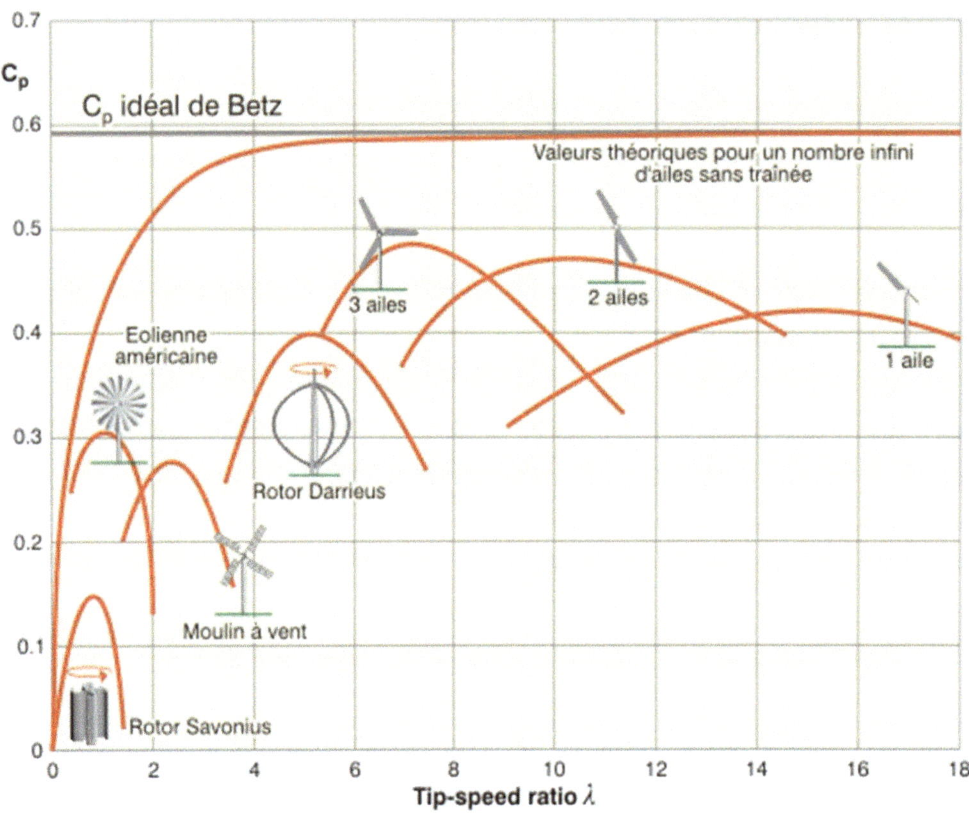

https://energieplus-lesite.be/wp-content/uploads/2019/03/TP_Tip_speed_ratio_diff_eoliennes.gif

Pour ordre de grandeur: une éolienne avec une fenêtre d'environ 70 m² (diamètre de 10 m) serait nécessaire pour alimenter une bouilloire électrique (1'800 W) utilisée pour préparer le thé .

Appliqué au photovoltaïque: si la quantité annuelle d'énergie produite par un système PV est de 150 kWh / m², alors la puissance moyenne du panneau est de 17,12 W / m². C'est cette valeur qui permet une comparaison directe avec la production d'une éolienne. Il est calculé qu'une surface photovoltaïque d'environ 105 m² serait nécessaire pour alimenter la bouilloire mentionnée.

Les fortes fluctuations de puissance des éoliennes représentent un problème difficile à résoudre. Si l'on ne veut pas opérer un « peak shaving » (par lequel une grande partie de la production est détruite), la quantité fluctuante d'électricité produite doit être injectée dans un réseau. En supposant que la consommation électrique est constante et qu'une éolienne y est connectée, il est important d'ajouter quelque chose qui donne au réseau de la « stabilité ». Ce quelque chose devrait pouvoir réagir rapidement aux fluctuations de la production. Malheureusement, presque seul le moteur à combustion interne ou la turbine à gaz peuvent être utilisés pour cela. Ce problème n'a pas été initialement reconnu. Seule l'installation massive d'éoliennes dans certains pays a révélé une augmentation des émissions de CO_2 ... Chaque emplacement éolien est différent. Cependant, on suppose qu'un emplacement éolien stable et établi ne génère qu'environ 20% d'énergie éolienne pure. Le reste (80%) provient des « moteurs » nécessaires pour combler les lacunes.

12. Littérature Chapitre 11

Rufer D., Braunschweig A. (2013) Ökobilanz von Solarstrom. www.e2mc.com◊Projekte ◊Publikationen ◊Ökobilanz von Solarstrom

Bundesamt für Energie BFE (2013) Schweizerische Elektrizitätsstatistik 2012. BBL, Verkauf Bundespublikationen, Bern

Internationale Energieagentur (2002) Potenzial für gebäudeintegrierte Photovoltaik; Bericht IEA-PVPS T7-4; www.netenergy.ch/pdf/BipvPotentialSummary.pdf

Akademien der Wissenschaften Schweiz (2012) Zukunft Stromversorgung Schweiz; www.akademien-schweiz.ch/index/Publikationen/Berichte.html

Gunzinger A. (2013) Kann sich die Schweiz mit Strom aus nur sichtbaren Energie selbst verwalten? www.electrosuisse.ch/de/verband/etg/etg-rueckblicke/131204-energieeffizienz.html

Merkblatt SIA 2032 (2009) Graue Energie im Fokus, SIA Verlag, Zürich

Itten R., Frischknecht R., Stucki M. (2013) Lebenszyklusinventare von Strommischungen und -netzen. ESU-Dienste, Uster

Datenblätter Solar-Modul von SunPower (2013). www.sunpowercorp.de

Internationale Technologie-Roadmap für Photovoltaik, Ergebnisse 2012. www.itrpv.net

Frischknecht R., Steiner R., Jungbluth N. (2009) Methode der ökologischen Knappheit – Ökofaktoren 2006. Bundesamt für Umwelt, Bern

PV-Zyklus (2013) Recycling von PV auf Siliziumbasis. http://www.pvcycle.org/pv-recycling/recycling-of-si/

Fraunhofer ISE (2013) Stromgestehungskosten Erneuerbare Energien. www.ise.fraunhofer.de

Energieverordnung EnV (Stand am 1. Januar 2014) Systematische Rechtssammlung SR 730.01, www.admin.ch

Rasonyi P. (24.10.2013) Hastige Renaissance der Kernenergie. NZZ Nr. 247, Seite 9

Andersson G., Boulouchos K., Bertschinger L. (2011) Energiezukunft Schweiz. Energy Science Center, ETH Zürich

Vorläufige Schätzung von Swissolar, dem Schweizerischen Verband der Solarenergiefachleute, vom März 2014. Die endgültige Fassung der "Volkszählung des Solarmarktes 2013" wird im Sommer 2014 verfügbar sein.

Bucher Ch. (2012) erhöhte eines hohen Photovoltaikanteils auf das Niederspannungsnetz. Nationale Photovoltaik-Tagung 2012, Baden

Bundesministerium für Wirtschaft und Technologie (2013) Energiedaten: Gesamtausgabe. www.bmwi.de

Sato F.E.K., Nakata T. (2020) Energy consumption analysis for vehicle production through a material flow approach. Energies 13, 2396

Yuan C., Deng Y., Li T., Yang F. (2017) Manufacturing energy analysis of lithium ion battery pack for electric vehicles. Manufacturing Technology 66, 53–56

Autres références

https://www.bfe.admin.ch/bfe/fr/home/suche.html#grise

www.swissdams.ch

www.grande-dixence.ch

Stahlbeton:

www.ecoconso.be

Konkrete Daten. https://www.toutsurlebeton.fr/le-ba-ba-du-beton/masse-volumique-du-beton-et-de-ses-constituants/

Windausbeute:

https://energieplus-lesite.be/wp-content/uploads/2019/03/TP_Tip_speed_ratio_diff_eoliennes.gif

Energie grise:

Chancel L., Pourouchottamin P., „Graue Energie: das verborgene Gesicht unseres Energieverbrauchs", Policy Brief, Institut für nachhaltige Entwicklung und internationale Beziehungen, Nr. 04/13, April 2013 (online lesen [Archiv], abgerufen am 25. März 2018)

https://jancovici.com/publications-et-co/articles-de-presse/pour-un-bilan-carbone-des-projets-dinfrastructures-de-transport/

Eolien:

https://www.theguardian.com/environment/blog/2012/jan/09/wind-turbines-increasing-carbon-emissions

13. Les auteurs

Richard Voellmy

Lycée littéraire de Zurich; A étudié les sciences naturelles à l'ETH Zurich; Diplôme de 1971; 1975 doctorat à l'Institut de microbiologie de l'ETHZ; 1975-78 séjour de recherche à la Harvard Medical School, Boston (Département de physiologie); 1978-82 séjour de recherche à l'Université de Genève (Département de biologie moléculaire); 1982 Professeur adjoint à l'École de médecine de l'Université de Miami (Miller); 1987 Professeur; Retraite en 2004. 1994 Juris Doctor (Université de Miami); membre de l'Association du Barreau de Floride depuis 1994; depuis 1997 membre du Barreau des avocats en brevet des États-Unis.

Recherche académique dans le domaine des mécanismes moléculaires de la réponse cellulaire à un stress physiologique ou pathologique (par exemple déclenché par la chaleur /

fièvre, intoxication, médicaments, pathologies et exercice). Ces travaux ont été soutenus par l'Institut national de la santé des États-Unis (NIH). Dans l'ensemble, M. Voellmy a publié plus de 113 articles scientifiques, en partie dans des revues de premier plan telles que Cell, Science, Nature, Nucleic Acids Res., Mol. Cell. Biol., Proc. Natl. Acad. Sci. USA, J. Biol, Chem et J. Virol.

Industrie: 1990 co-fondateur de StressGen Biotechnologies Corp., B.C., Canada (TSX: SSB), 1995-99 Vice-président. 1999-2000 Directeur, Debiopharm SA, Lausanne (en congé de l'Université de Miami).

Après avoir pris sa retraite de la faculté de médecine de l'Université de Miami, M. Voellmy est retourné en Suisse et a commencé à utiliser la société qu'il a fondée HSF Pharmaceuticals SA (www.hsfpharma.com) pour poursuivre ses recherches, qu'il a menées en collaboration avec des partenaires académiques internationaux sélectionnés et des partenaires de l'industrie. Le projet actuellement le plus important concerne le développement d'un nouveau type de technologie de vaccination (focus: grippe), qui promet une plus grande efficacité et une protection vaccinale plus large par rapport aux technologies conventionnelles.

Olivier Zürcher

Né à Bienne en 1970, Olivier Zürcher a suivi un apprentissage d'ingénieur mécanique à l'ETH Lausanne, qu'il a complété par diverses thèses sur les turbomachines hydrauliques. Il entame ensuite sa thèse de doctorat dans le domaine du transfert de chaleur et de la thermodynamique. Il a terminé avec succès sa thèse de doctorat en 2000. Les résultats de ses recherches ont été publiés dans 8 revues scientifiques. Dans le domaine du dimensionnement des grands groupes frigorifiques, son travail est encore aujourd'hui internationalement reconnu.

Après ses travaux académiques, M. Zürcher a rejoint l'industrie. Là, il a travaillé avec des pompes et des moteurs hydrostatiques. Son travail a abouti à une publication qui a inspiré le secteur industriel et a conduit à une utilisation plus poussée de ses approches.

En 2003, il est nommé professeur à l'Ecole d'ingénieurs et d'architectes de Fribourg, où il a enseigné la thermodynamique, l'énergie et le transfert de chaleur. Au cours de cette activité, il était important pour lui d'approfondir la formation de ses élèves avec des exercices liés à des situations réelles. Ses recherches comprenaient plus de 40 projets abordant divers problèmes énergétiques, en particulier les utilisations possibles des microalgues.

Depuis 2015, M. Zürcher est indépendant et a fondé sa société Watt4U en 2018. Il travaille actuellement en tant que consultant et expert dans les domaines des liquides et de l'énergie pour les agences gouvernementales et l'industrie (également dans les secteurs pharmaceutiques et du bâtiment).